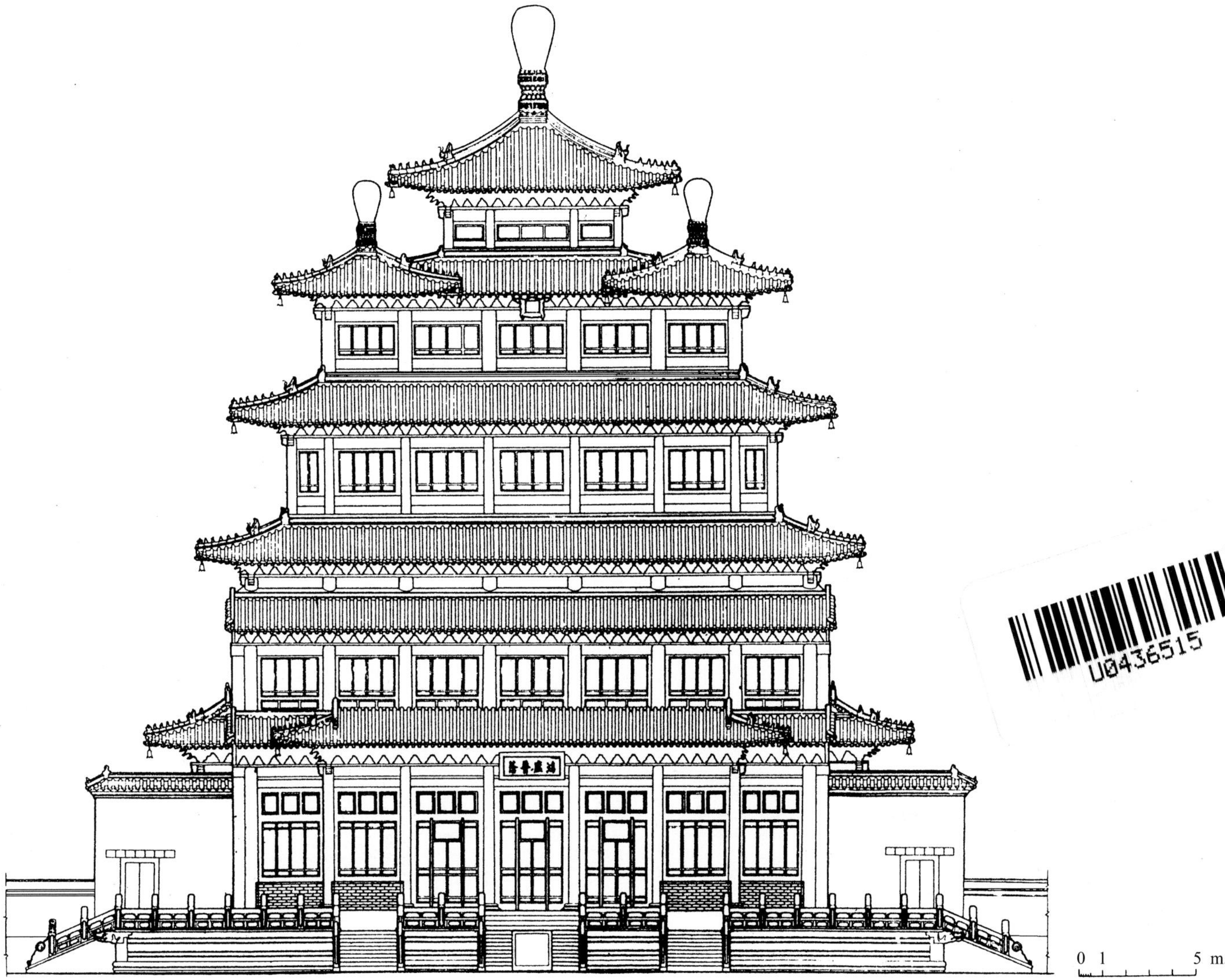

● 承德，河北省，普宁寺大乘阁 横向展开布满的格子型窗格布置

● 安兹巴赫(Ansbach)，德国

● 纽伦堡(Nüremberg)，德国

● 平遥古城，山西省，2700年历史(a)、(b)

(a) 城墙上的圆窗

(b) 北城楼，圆窗

(a)

(b)

● 施特拉斯堡(Strasbourg)，法国施特拉斯堡大教堂(Minster)，始建于公元 1240 年，内殿礼拜堂

● 科隆(Köln)，德国科隆大教堂，始建于公元 1200 年

● 圣但尼(Saint-Denis)，法国(留尼汪岛(Dionysien))，修道院教堂，建于公元 1140 年(*a*)、(*b*)

(*a*)

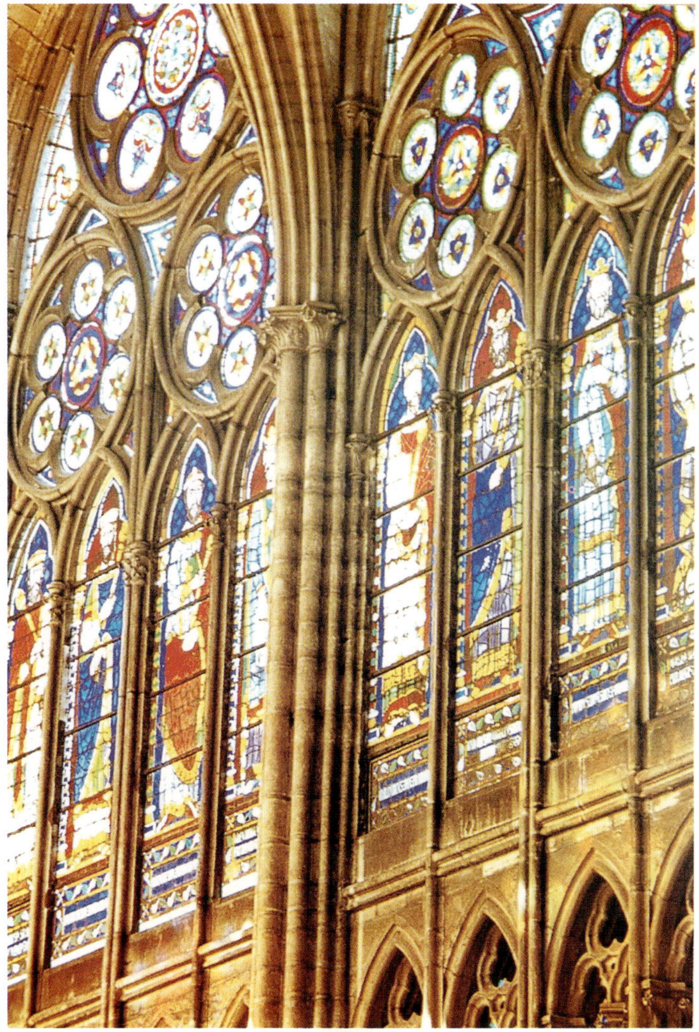

(*b*) 高侧窗

● 伊斯坦布尔(Istanbul)，土耳其，索科罗·米米特·派萨(Sokulla Mehmed Pasha)，清真寺圆屋顶天窗

● 开罗(Cairo)，埃及，清真寺，建于公元10世纪

● 杭州市，浙江省，胡雪岩故居

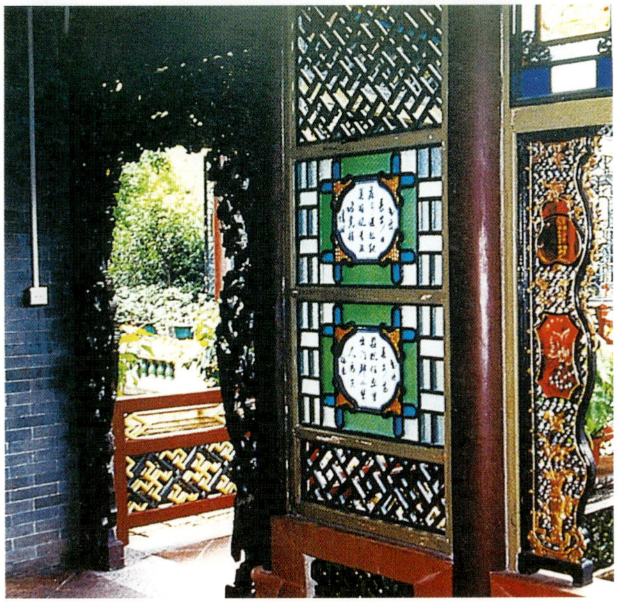

(*a*)

(*b*)

● 清晖园，广东省，18 世纪建，占地 0.3hm^2(*a*)、(*b*)

● 福州市，土坯建筑，猫儿窗

● 巴依(Bai)，一民居窗格

● 团山，云南省，民居雕花窗

● 赫尔辛基(Helsinki)火车站，芬兰，建于公元20世纪

● 纽约(New York)，美国TWA航空港，建于公元1956年

(*a*)

● 柏林(Berlin)，德国，国会(Reichstag)大厦中的迂回坡道加全玻璃窗

(*b*)

● 那不勒斯，意大利，玻璃大厅的天窗(市中心)

● 罗马(Rome)，意大利，万神庙主殿天窗(Pantheon)，建于公元 121 年

● 泰米尔纳德(Tamilnadu)，印度耶姆伯肯斯瓦拉大神庙(Jambukeshvara)(约 15 层楼高)

● 德国，普林(Prien)小镇酒吧

● 慕尼黑(München)，德国，市中心步行街上的商店窗户

●日本住宅(a)、(b)、(c)

(a)

(b)

(c)

● 北京，香山饭店窗户

● 瑞典，特罗特尼格尔姆宫殿(Drothningholm Palace)，始建于公元 1660 年

● 圣彼得堡，俄罗斯，冬宫，珍宝展厅，窗加雕像

● 密封防水试验

● 斜式窗的开启示范

建筑构成系列图集

窗

宋培抗　主　编

中国建筑工业出版社

图书在版编目(CIP)数据

窗/宋培抗主编.—北京：中国建筑工业出版社，2004
(建筑构成系列图集)
ISBN 7-112-06243-8

Ⅰ.窗... Ⅱ.宋... Ⅲ.窗-结构设计-图集 Ⅳ.TU228-64

中国版本图书馆CIP数据核字(2003)第115604号

本书以图片形式详尽地介绍了窗的基本图形和传统窗的式样。

本书共分20部分。第1部分展示了建筑窗的基本图形。第2部分至第20部分分别展示了不同类型建筑物的窗的式样。书中图片精美、内容丰富，是一本很好的参考书。

本书可供建筑师、建筑装饰行业设计人员、大专院校建筑学专业师生参考使用。

责任编辑：胡明安
责任设计：彭路路
责任校对：张　虹

建筑构成系列图集

窗

宋培抗　主　编

*

中国建筑工业出版社出版、发行(北京西郊百万庄)
新　华　书　店　经　销
北京建筑工业印刷厂印刷

*

开本：787×1092毫米　横1/16　印张：19¾　插页：8　字数：478千字
2004年3月第一版　2004年3月第一次印刷
印数:1—3,500册　定价:**47.00**元

ISBN 7-112-06243-8
TU·5505(12257)

(邮政编码 100037)

本社网址:http://www.china-abp.com.cn
网上书店:http://www.china-building.com.cn

前　言

从建筑物外形而言，建筑物上的窗户相当“显眼”，因为窗户的面积约占建筑物外形的2/5左右，这么大的面积“暴露”在外面，不但对建筑外形设计起了决定性作用，而且设计好坏，也直接影响到城市景观和城市面貌。

建筑窗的理念，应提高到一个新的水平与高度来认识。设计建筑窗户不但要精心，而且要新颖实用。建筑窗的作用，除防风、通风、户外光辐射与防光辐射、防盗、防水、安全外，还须注意下列几个方面：

(1) 窗户注重美观。如：窗台放鲜花、窗的上下方及左右装饰或雕像、窗帘衬托、墙面整洁、与建筑外形设计协调和谐等。

(2) 人与窗之间的亲和性——窗前活动。如：靠窗乘车、靠窗用餐、靠窗坐、靠窗学习、靠窗锻炼身体、靠窗做家务、靠窗拉琴等。

(3) 窗户向外眺望问题。平常，人们习惯性向窗外眺望来往人群及景色。从国外一些住宅设计来看，郊外别墅常使用落地窗、大玻璃窗，可以大面积地从室内向户外眺望村庄美景。实际上，这类窗户设计起到了室内封闭空间与户外开放空间之间的过渡区域的作用，拉近了室内外空间的距离。

(4) 根据建筑项目性质及功能来设计窗户。如厂房、住宅、商业建筑、博物馆、餐厅等，窗户设计均有所不同。住宅内的卧室、厨房、起居室、洗手间等也应有所不同；对餐厅而言，中式餐厅、欧式餐厅、美式餐厅、东南亚餐厅等也应有所不同。我们主张窗户的形式与风格多样化，不必强调统一。现在，有些沿街的商店、住宅、办公建筑等，窗户形式一样，没有区别、十分单调。由于窗户所占建筑外形面积很大，又是在人们中、远景视线范围内，一抬头见到一大片，如果处理不当，就有可能产生“城市病”，影响城市景观和城市面貌，从而导致对整个城市的评价不高。

(5) 建筑窗户设计不当问题。如：两幢小别墅前后（南北向）排列时，北小别墅背面布置卧室，恰好是南小别墅前布置厨房、厕所等。如果窗户设计不当，生活起来极不舒服。因此，除了规划布局要做调整外，窗户设计就显得十分重要。又如：在沿街的南侧布置住宅建筑时，沿街一面，必然布置厨房、厕所、楼梯电梯间等，有时为了照顾沿街街景，加了许多几何图形窗格式样，既不实用又不经济。再如：儿童卧室（底层）不一定做成1.0~1.1m窗台高度，小孩爬窗易造成骨折，做成40~50cm高度就安全了。

现代窗户形式与风格大致有下列几种：

(1) 在建筑外形上，整齐“挖洞式”开窗一般为正方形或长方形，极为普遍，但十分单调。住宅建筑通常习惯地使用这种窗户设计。有些高层建筑，从底层至顶层，整齐地布置“挖洞式”窗户，毫无表情；有的高层建筑，每层建筑面积并不大、细长，整齐“挖洞式”开窗，如同“饥饿的烟囱”；有的建筑体量大、又不高、横向宽广，又采用整齐型的“挖洞式”开窗，十分单调地暴露在外面，人的近、中景视线范围看到好像占面积特别地大。

(2) 在建筑外形上，横条式窗户式样布置，即横条结构与横条玻璃窗并联交替排列；竖条式窗户式样设计，即一纵条结构与另一纵条玻璃窗串联交替排列。

(3) 全玻璃窗的建筑外形，即结构框架加全玻璃窗。

(4) 在建筑外形上，富于变化的窗户式样布置。

窗户设计时，涉及窗户的大小、尺度、比例、数量、开启与封闭部位等，除功能要求外，主要应考虑太阳的辐射规律。如：光强度、耀眼（眩目）、光色、双重光、逆光、侧光、吸收－反射－透视、目视适宜度等。

回忆历史，先人设计的寺庙、教堂、清真寺、皇宫、古民居等，他们的窗户设计有些既有科学性，又有实用性，新颖、丰富多彩，很有亲切感。窗户与建筑外形组合十分协调，有高超的窗饰艺术及木雕、石雕、砖雕等艺术。现代人在古建筑窗户上放上鲜花，有“枯木逢春”之感觉，经常保护古建筑外墙，更能衬托窗户的地位；有些古建筑窗饰十分华丽、雅致和堂皇。我国有些属地方保护的古建筑，保护也十分完好。

本书列举了建筑窗的基本图形和传统窗的式样，它是设计窗户的基础；按建筑项目性质及功能归类的实例照片，便于读者“对号入座”地参考使用。

建筑窗的形式与风格与建筑门的形式与风格，可以互用，不必分得很清楚。有些栏杆式样、石雕、砖雕、木雕、几何图案等，均可用于窗户设计之中。

参加本书整理、加工人员有：王丽丽、宋梓正、钟明、宋玉光、宋新力、闫 旻 、宋金金、李雄、宋晨、王磊、宋培仁、张强、宋培勇、宋晓云、张莉、宋培智、邓昌立、蔡成、季军、王力、陆凛、宋亲等。

书中不当之处，恳请广大读者批评指正。

作者

目　　录

1 建筑窗的基本图形

按几何图形(制图方式)的窗式样与装饰

•方形

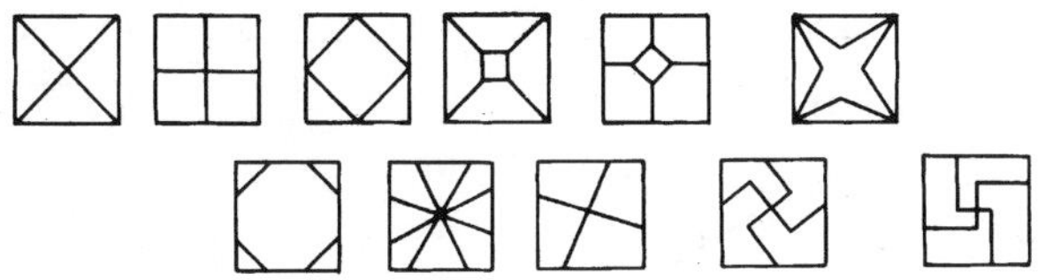

•三角形

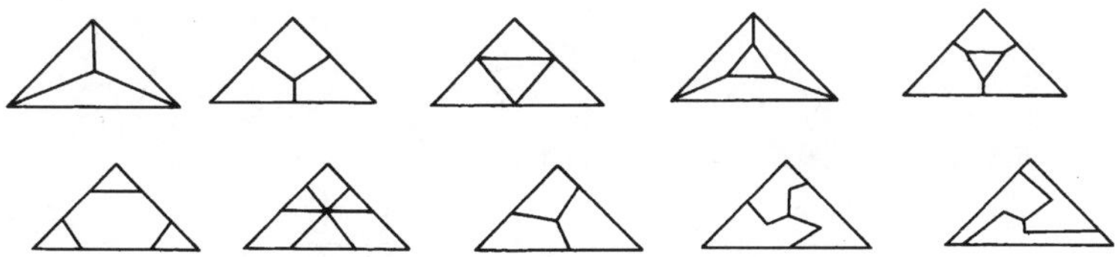

•几何平面图形变化型（A）

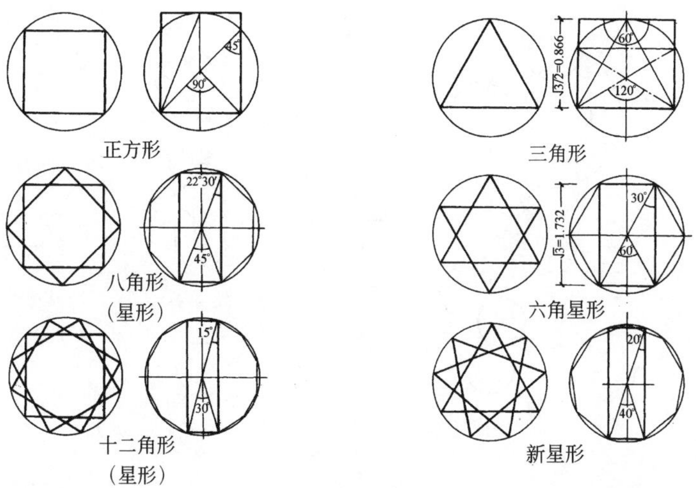

•几何平面图形变化型（B）

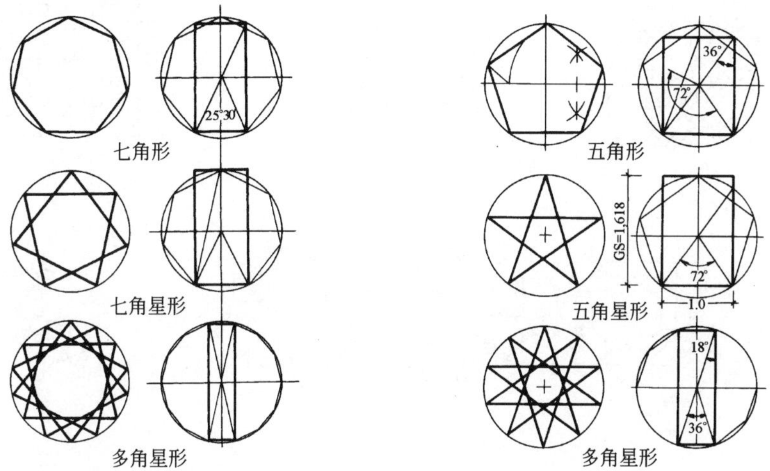

•几何立体图形变化型

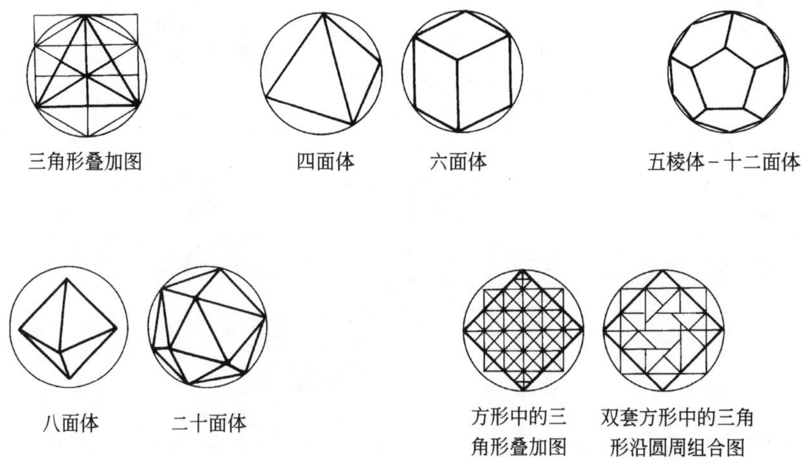

•方形的组合与变化图（方形或八角形或与八角形组合图形）

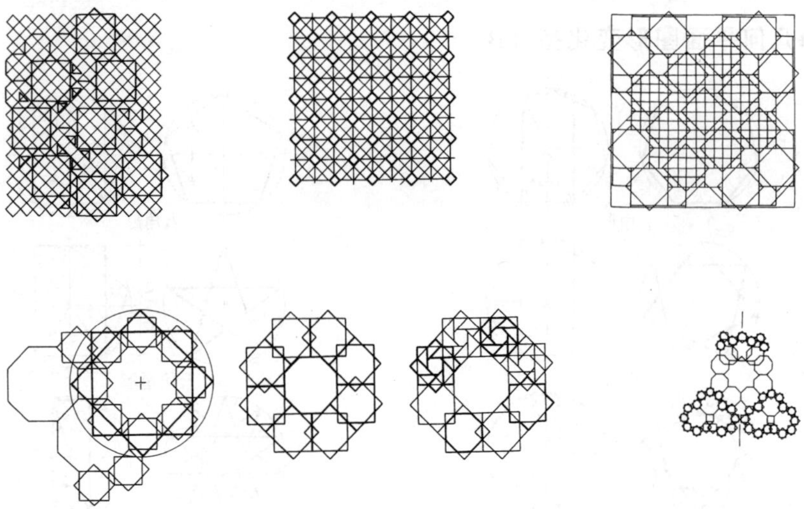

•菱形十二面体组合拼接系列图
（顺序图）

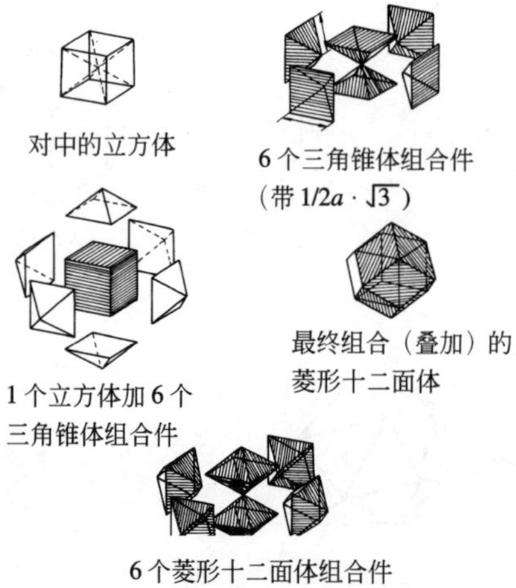

•窗（门）棂格花纹与用色

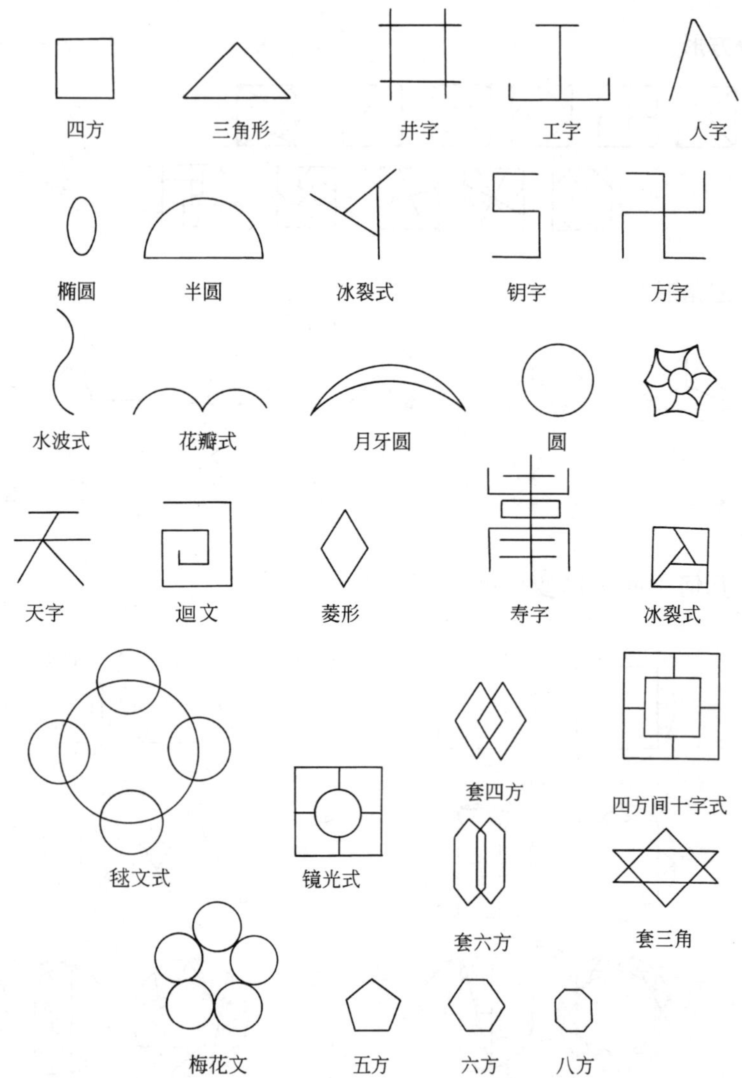

正方形(或长方形)的窗式样

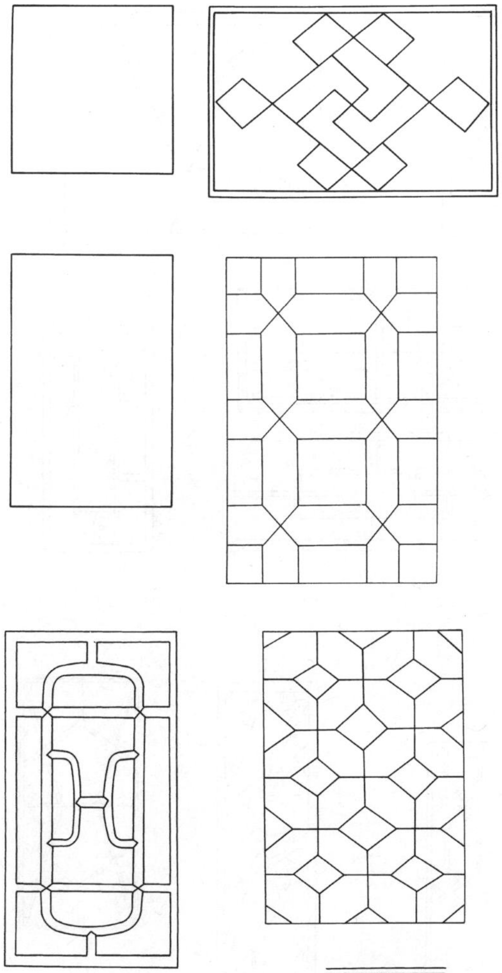

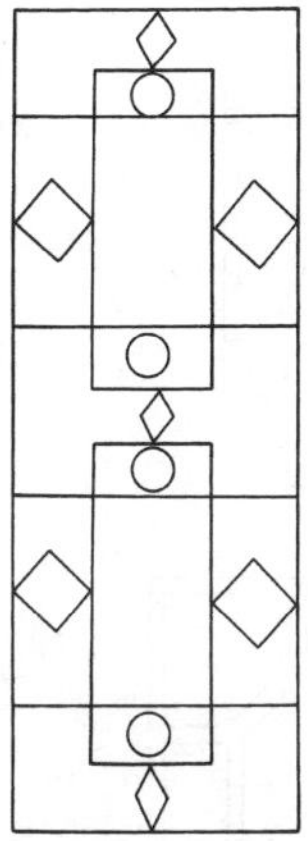

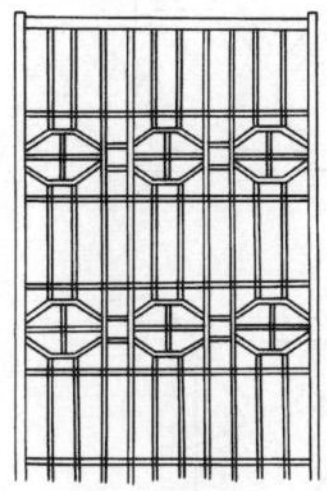

流电甲组

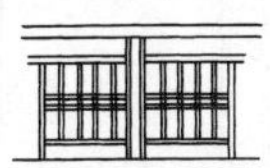

角柄窗

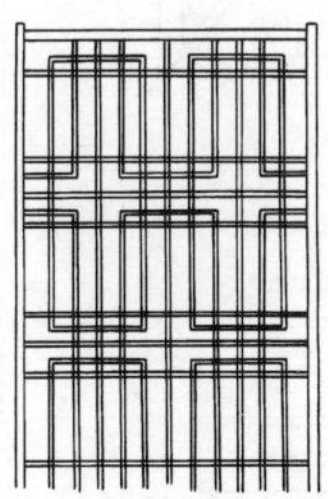

香路组

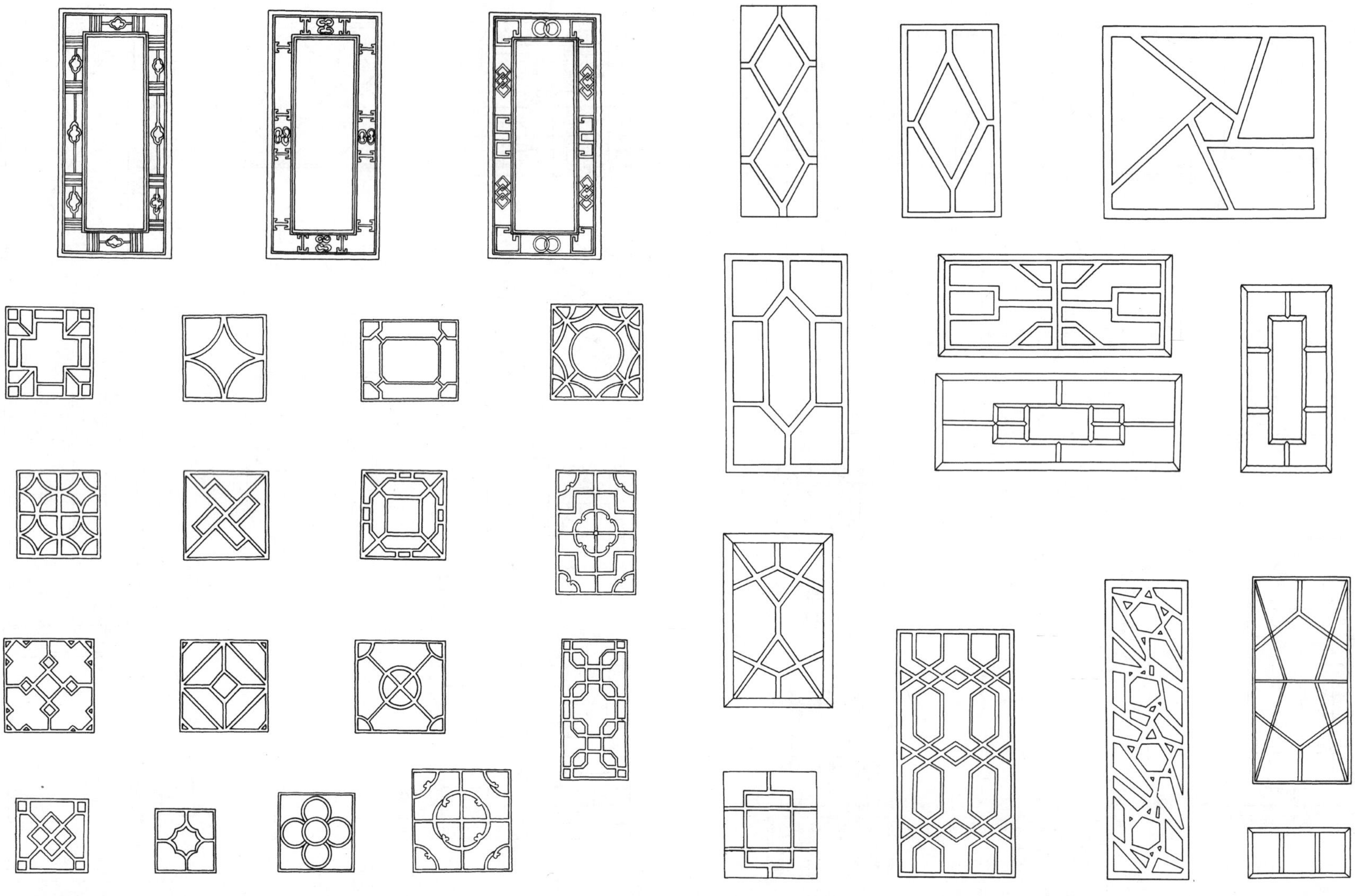

窗棂

方胜

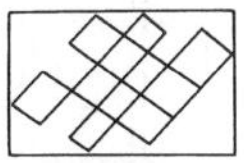

盘肠

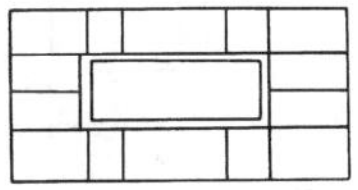

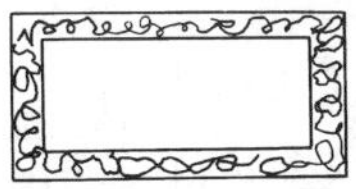

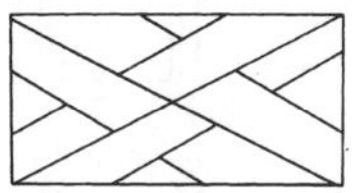

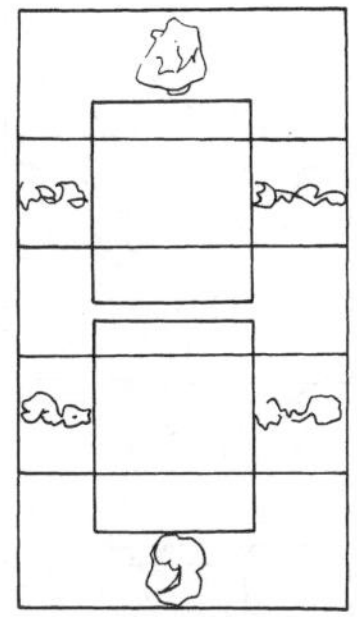

灯笼框

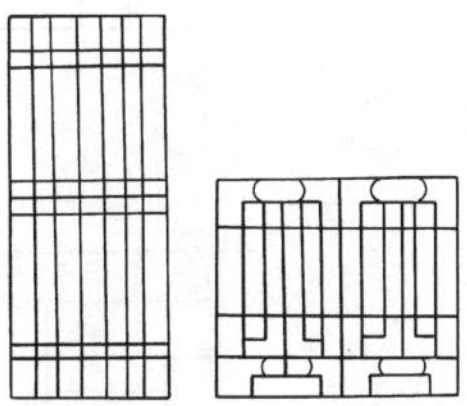

码三箭

冰裂式

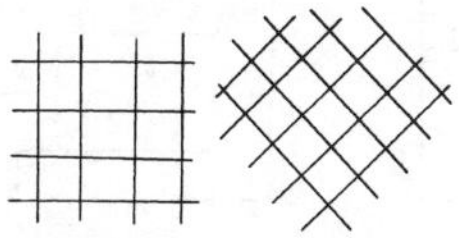

豆腐块

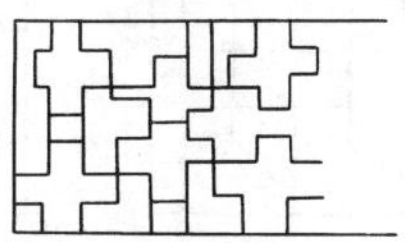

十字式

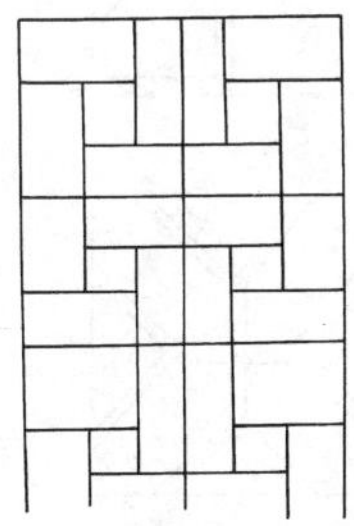

井口字

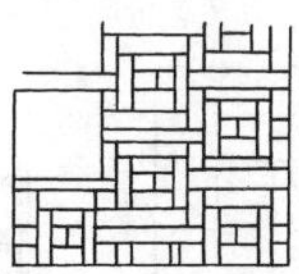

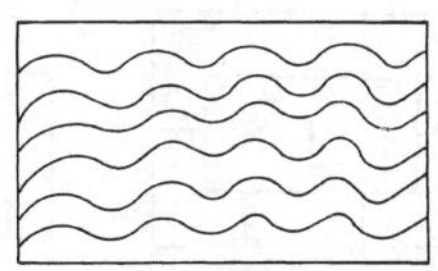

波浪式

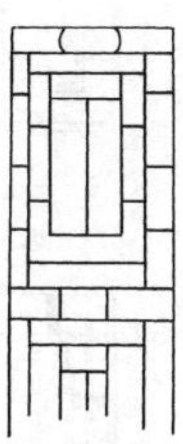

步步锦

八块柴

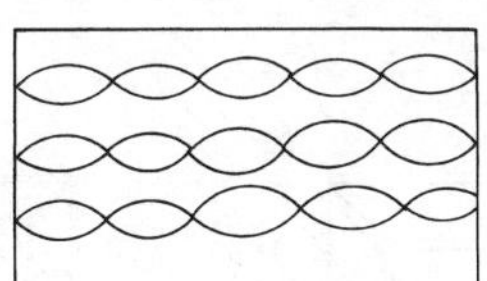

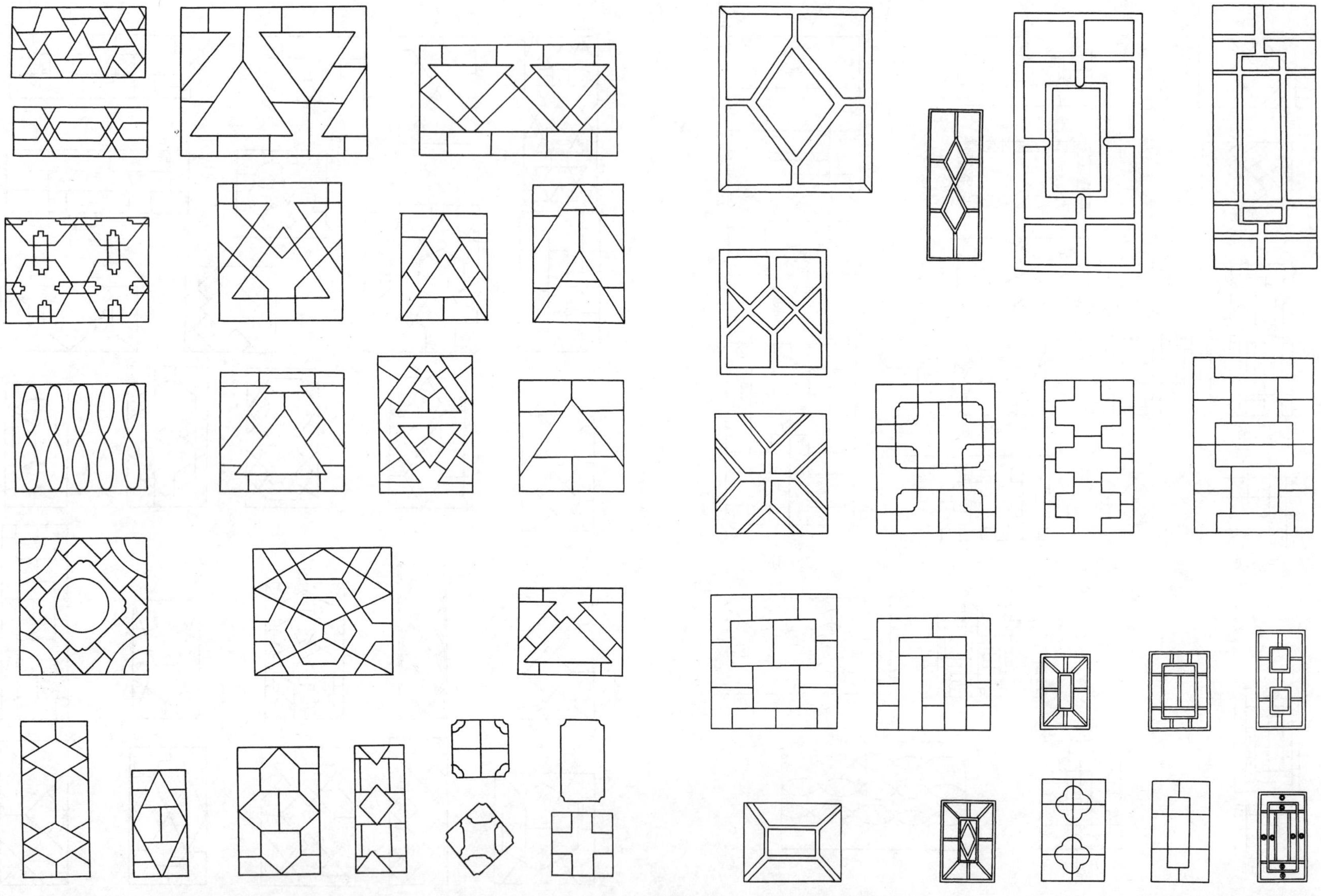

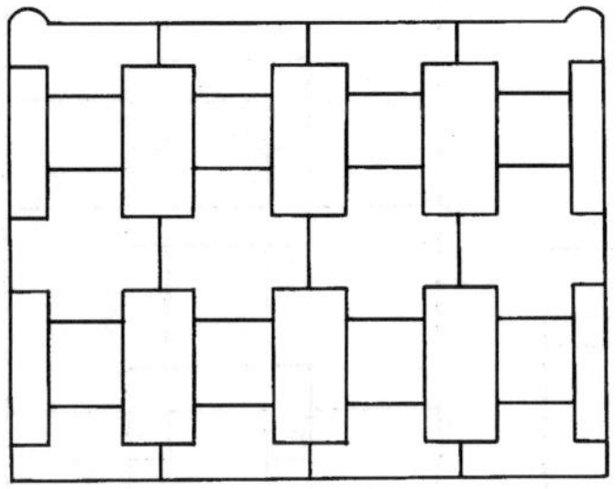
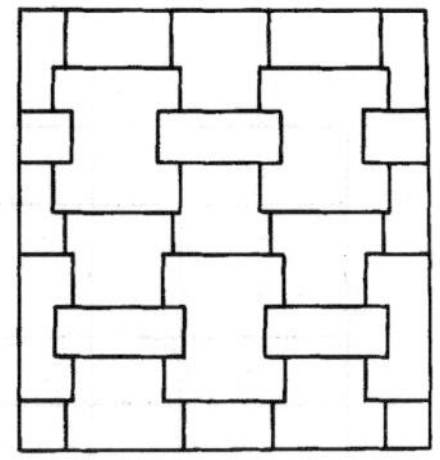
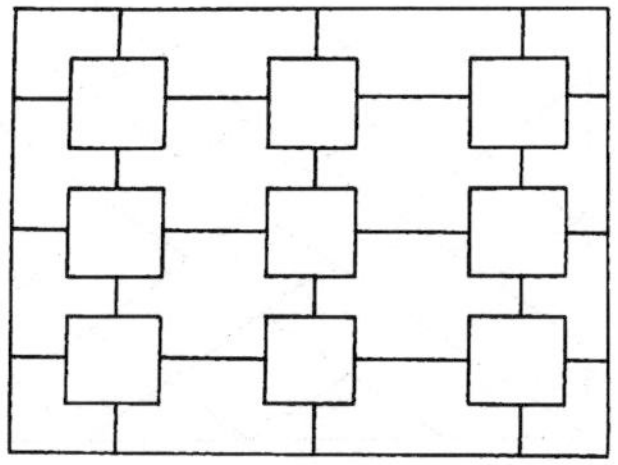
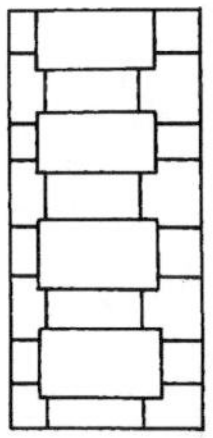
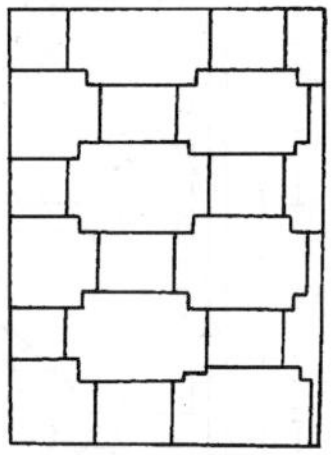
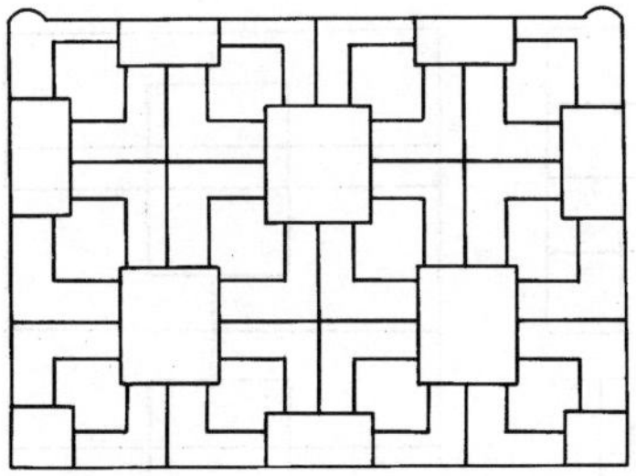
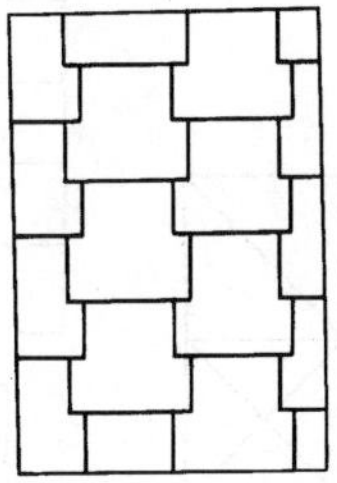
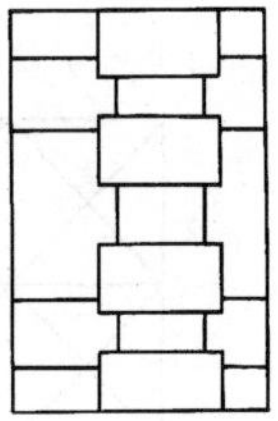
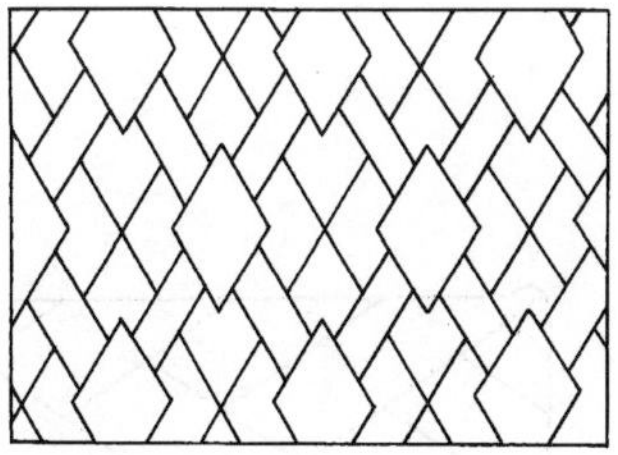
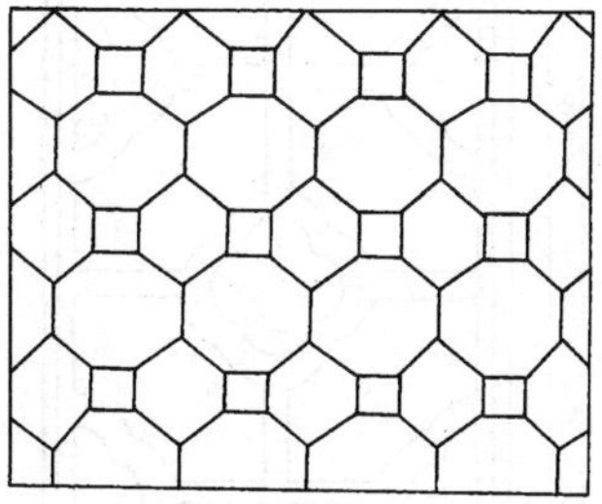

海棠式

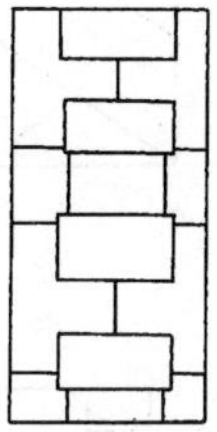
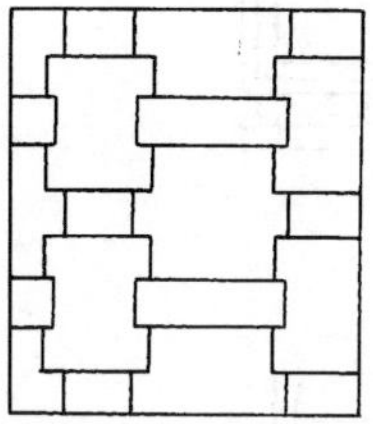
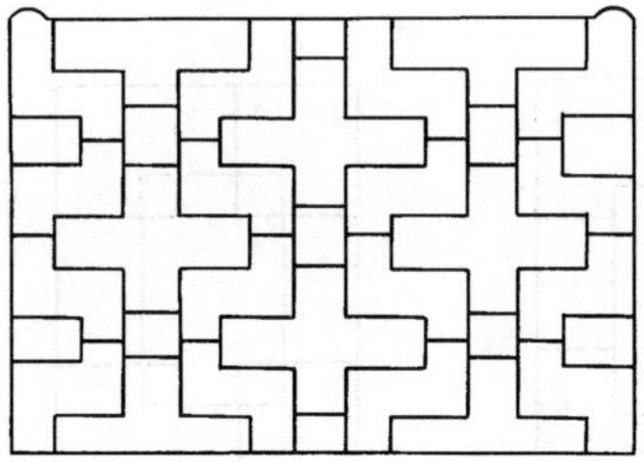
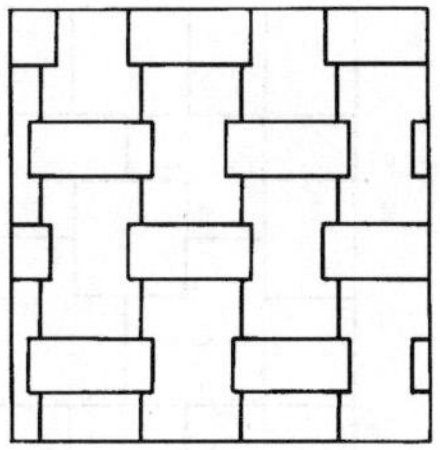
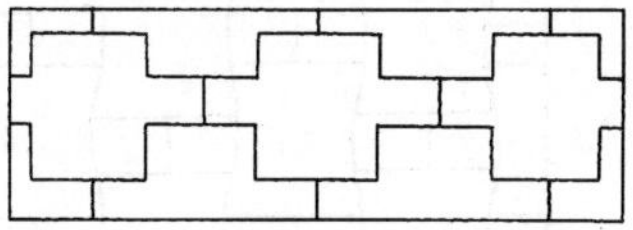
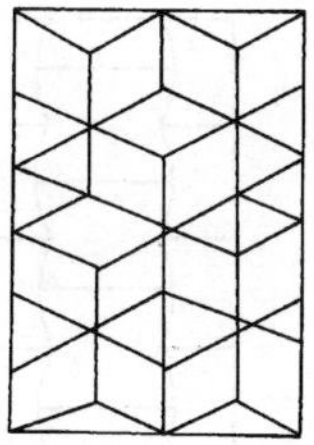

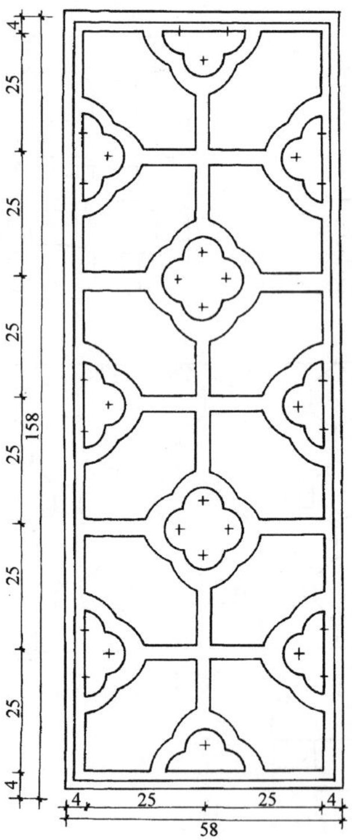
4
25
25
25
25
25
25
4
158
4
25
25
4
58

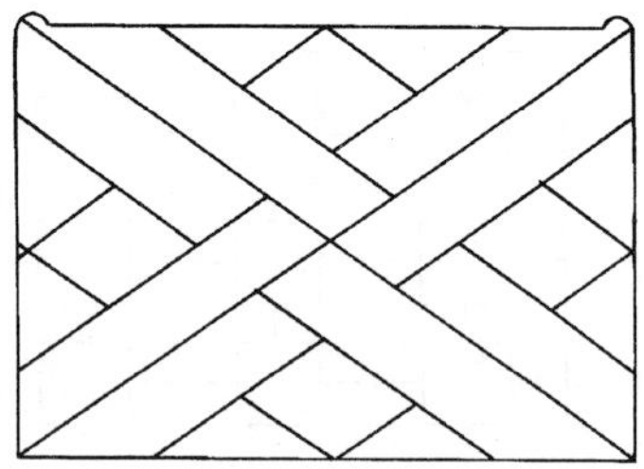

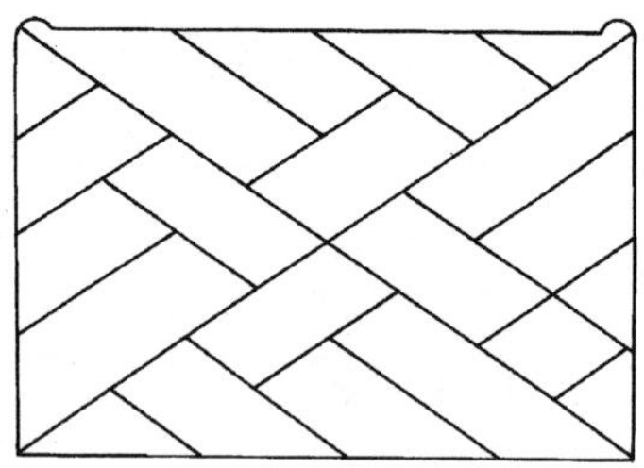

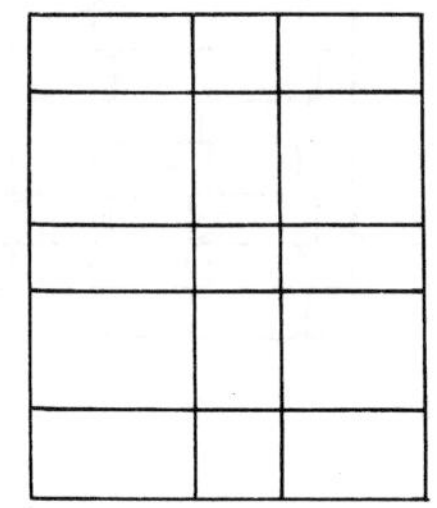

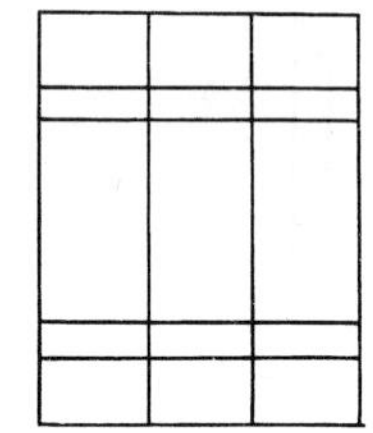

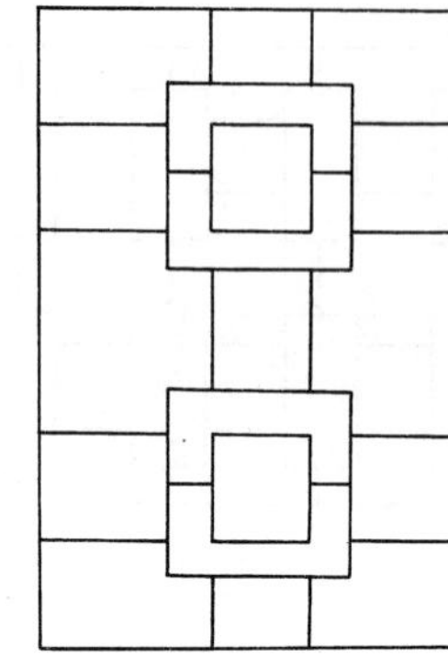

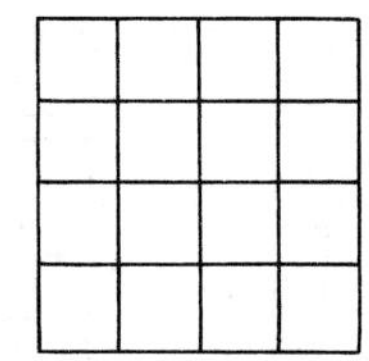

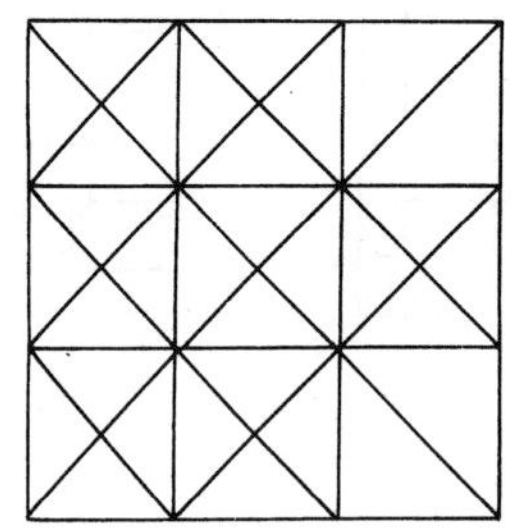

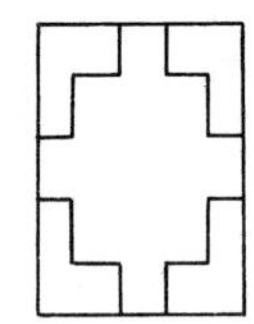

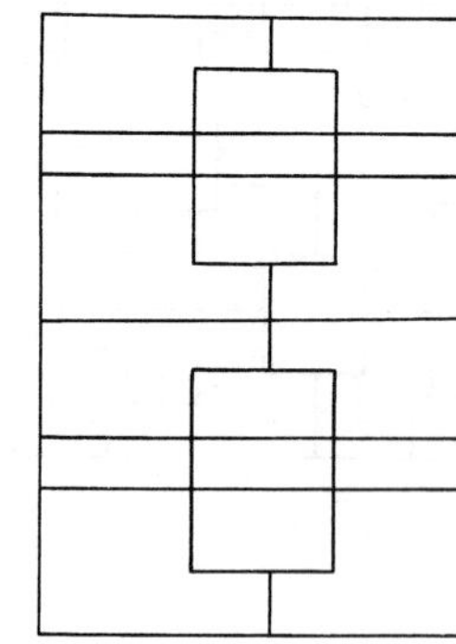

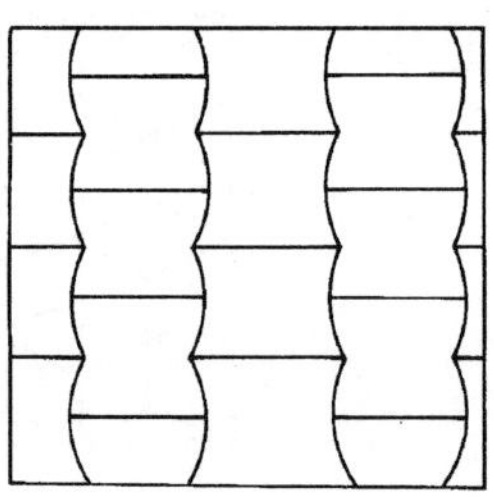

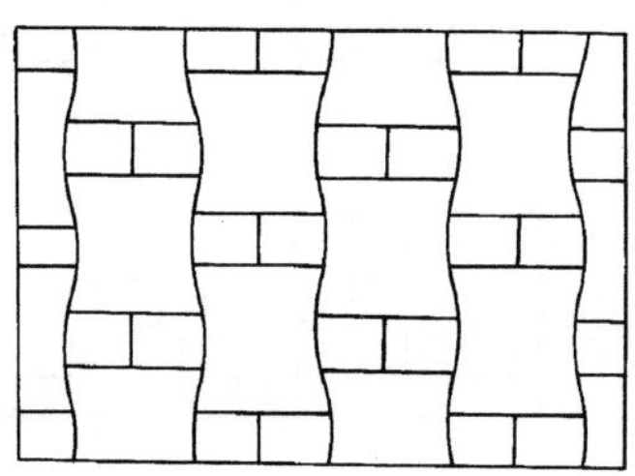

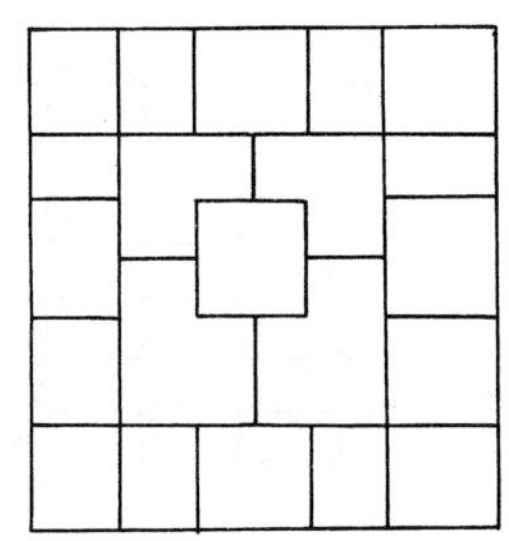

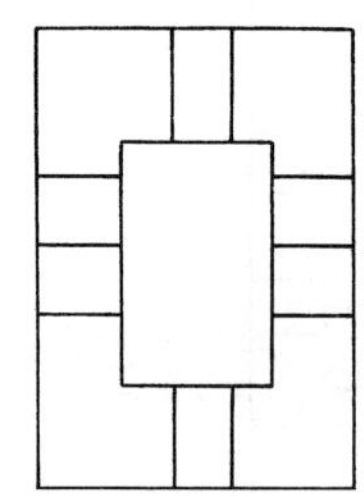

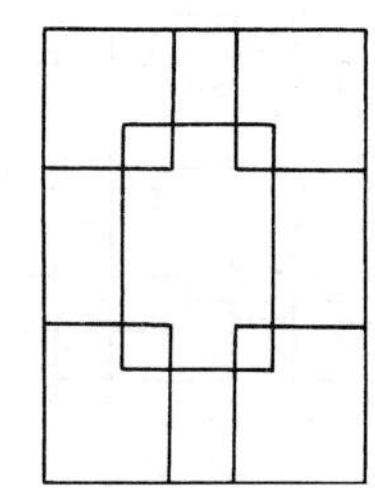

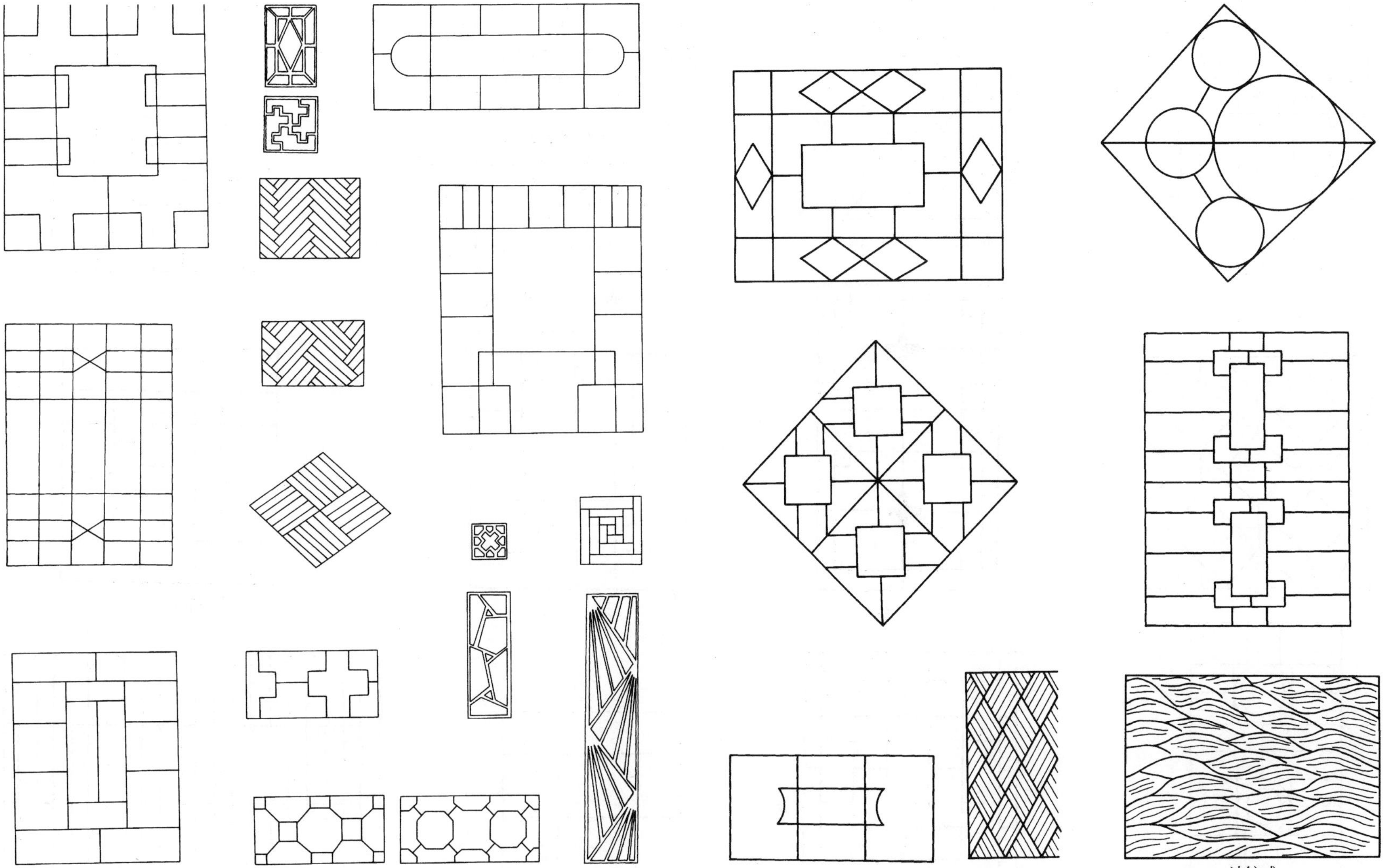

波纹式

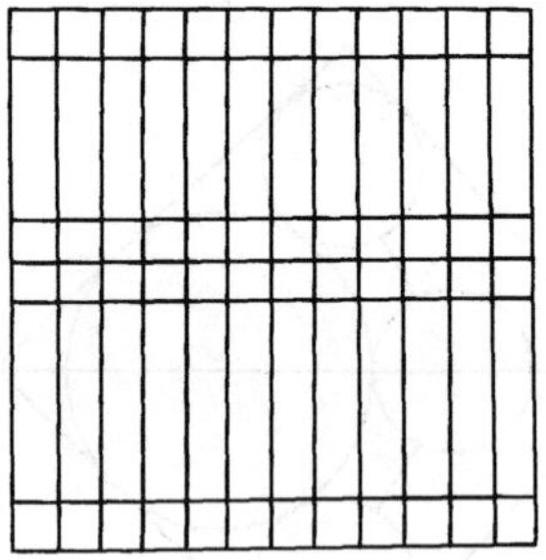

浙东山水禅

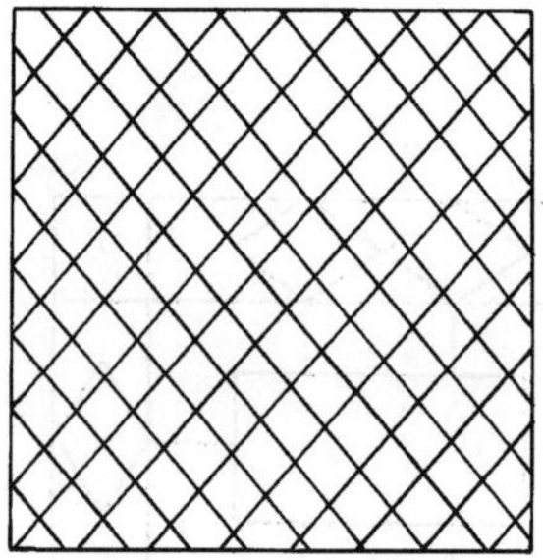

尼泊尔，基特温 (Safari)

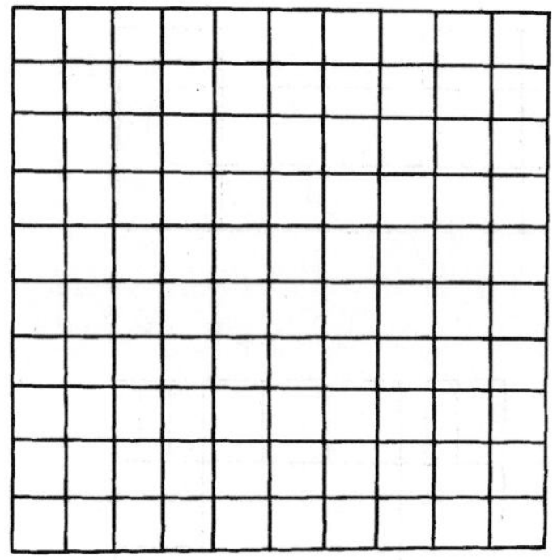

嘉祥县城，武氏祠

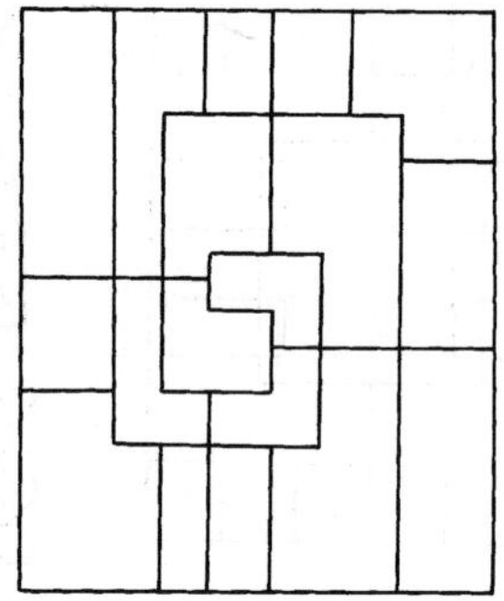

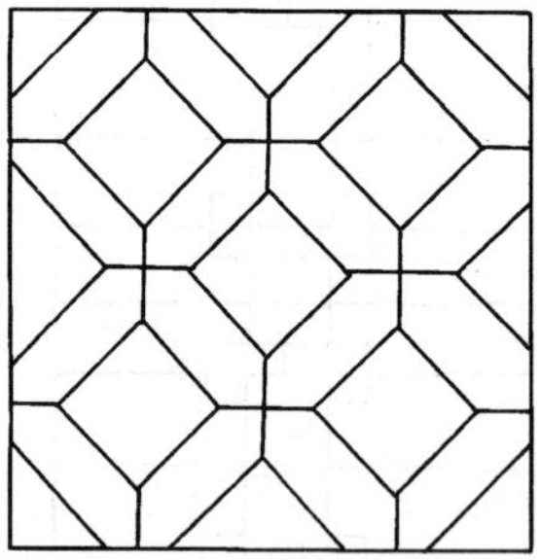

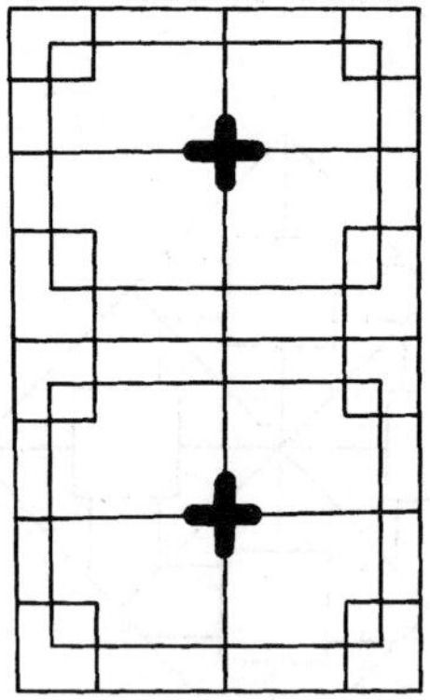

井岗山，老房子

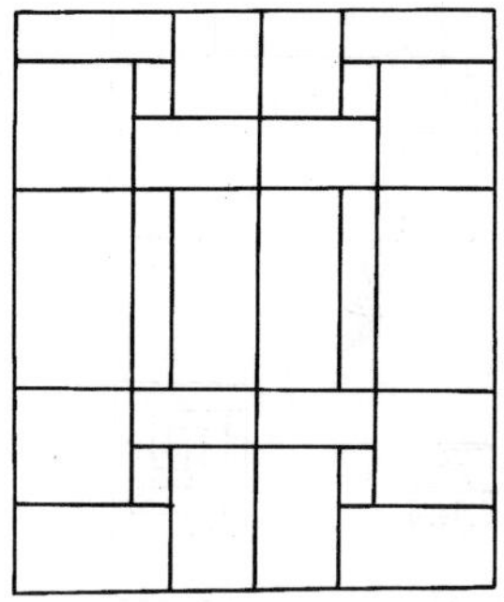

苏州，饭店

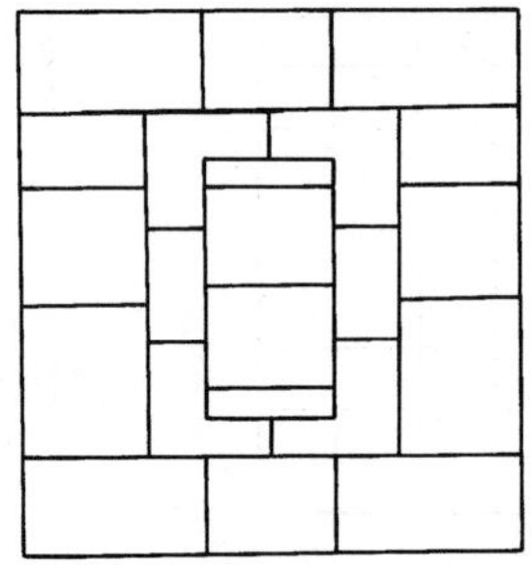

湘西，民居

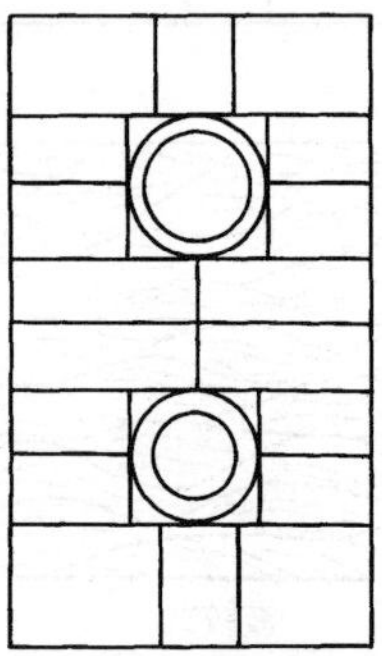

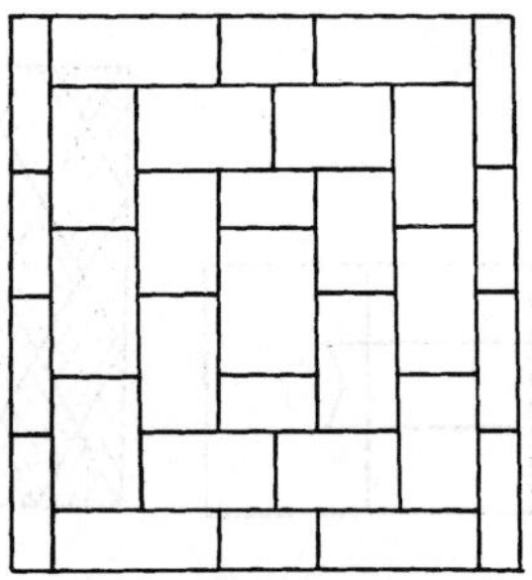

贵州，民居

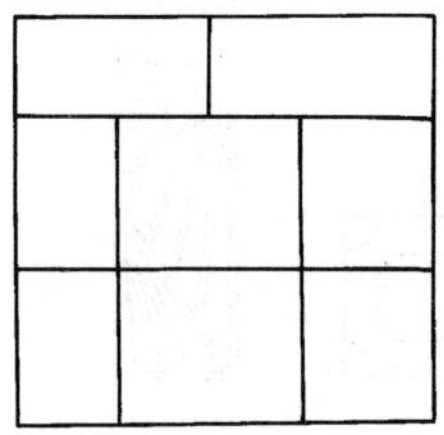

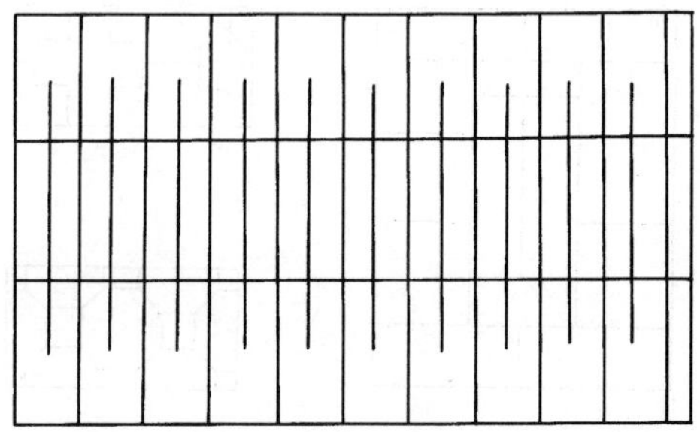

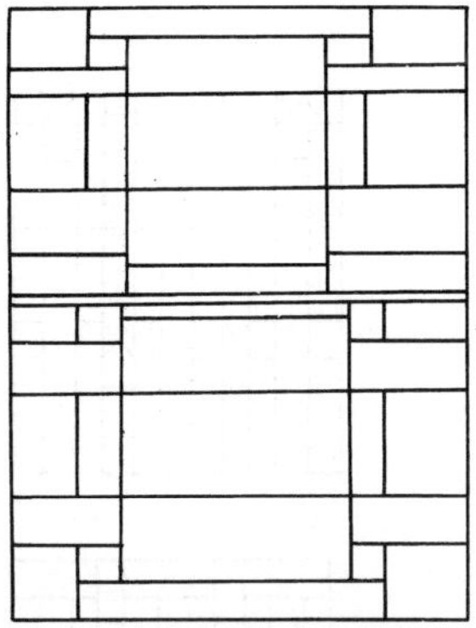

上海，关怀小镇，民居

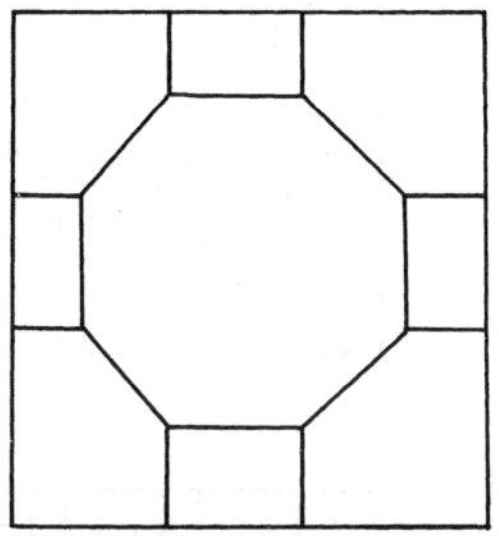
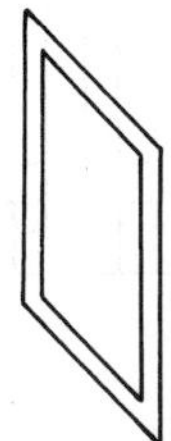
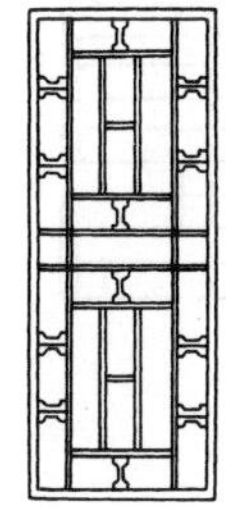
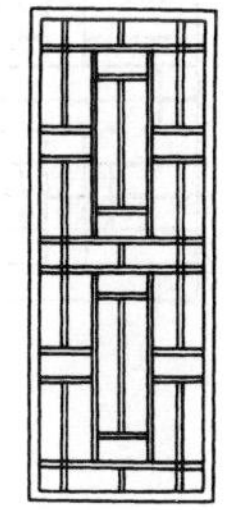
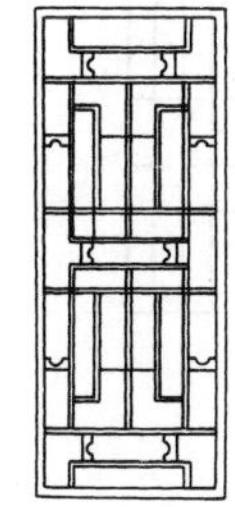
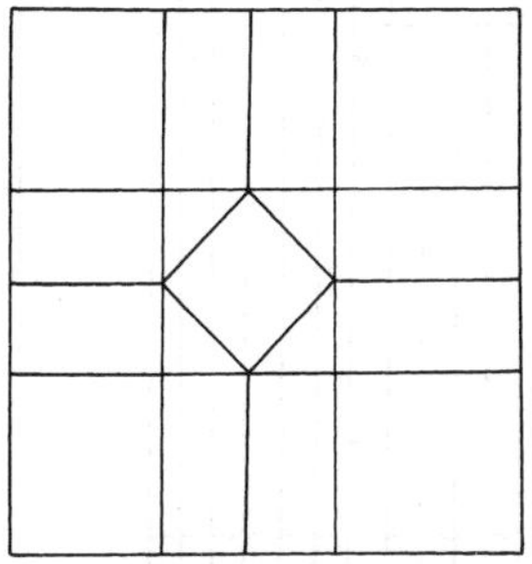
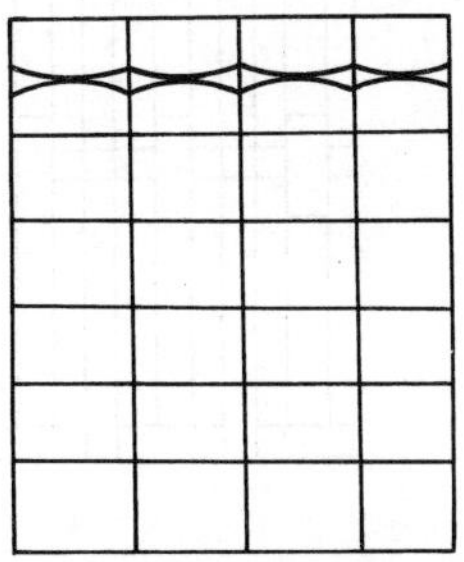

荷兰，阿姆斯特丹蜡像馆

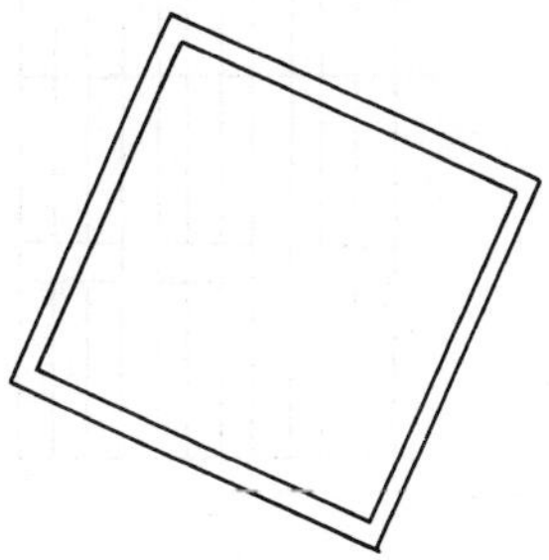

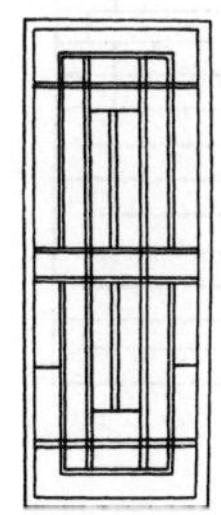
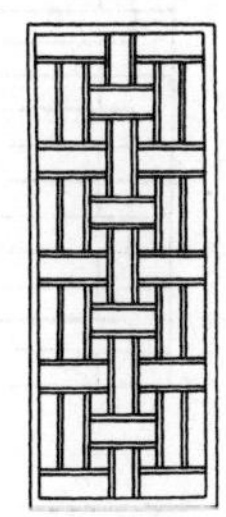
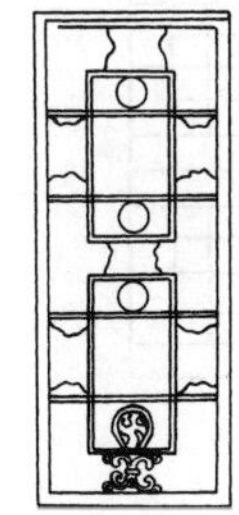
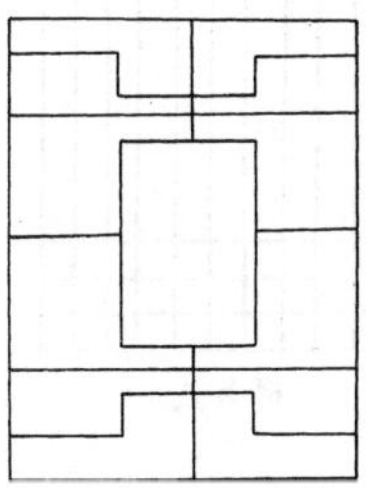
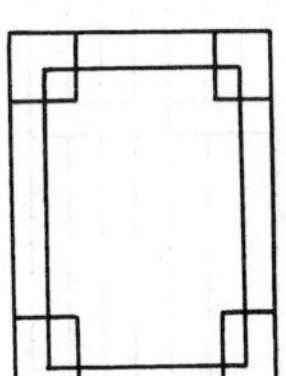

温州，民居

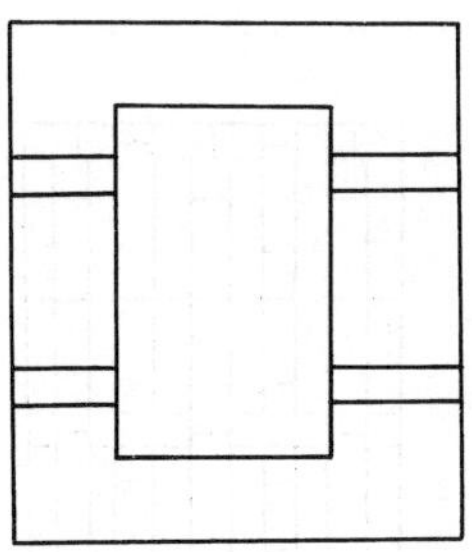
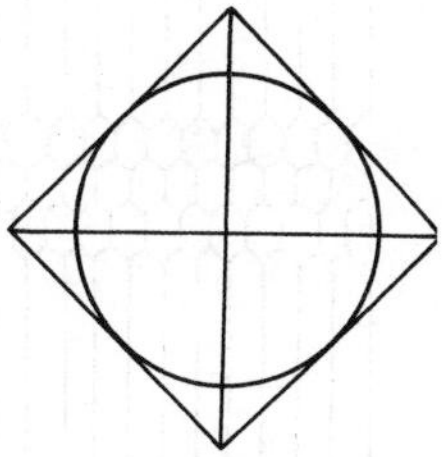
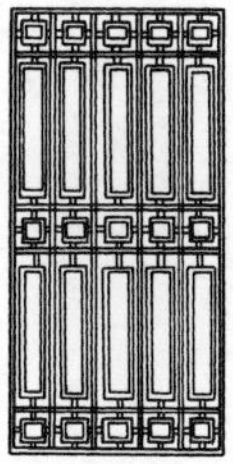
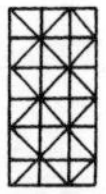
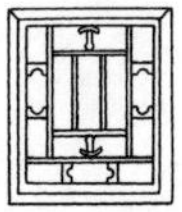
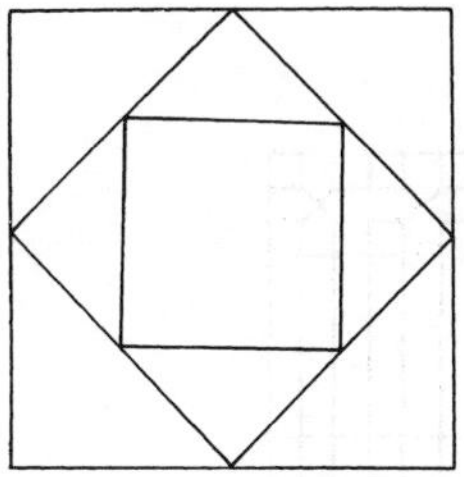
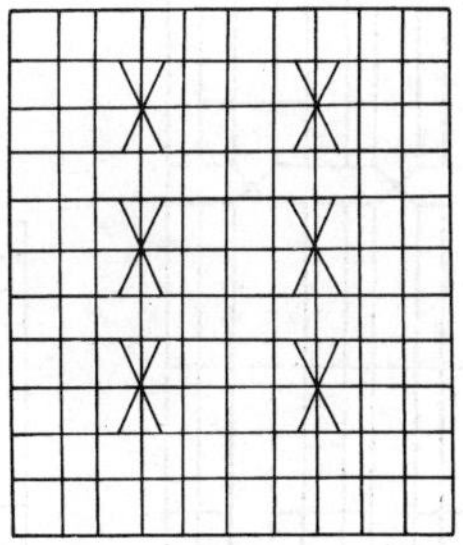

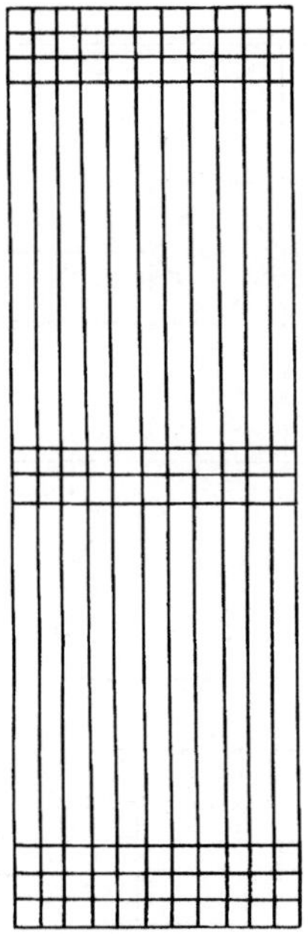

柳条式

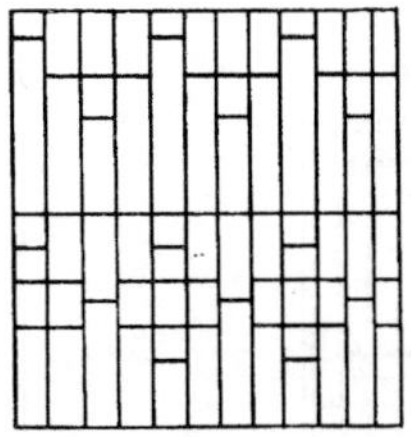

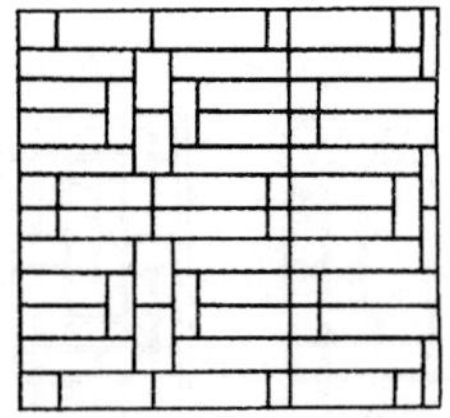

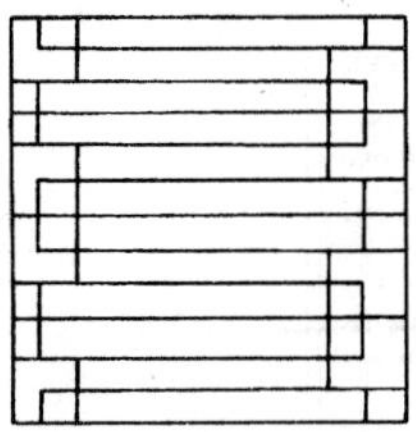

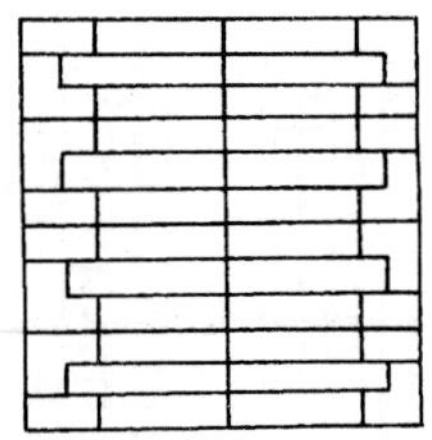

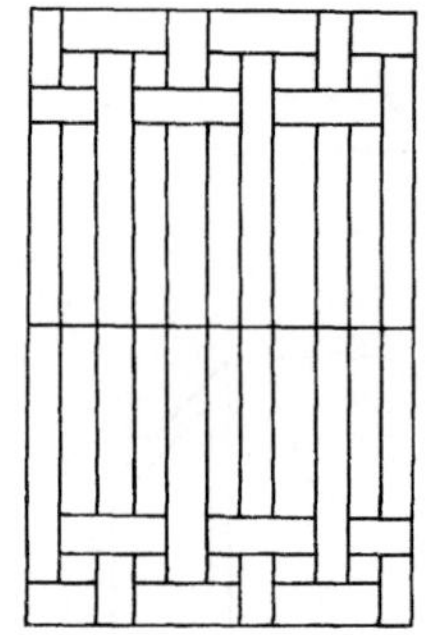

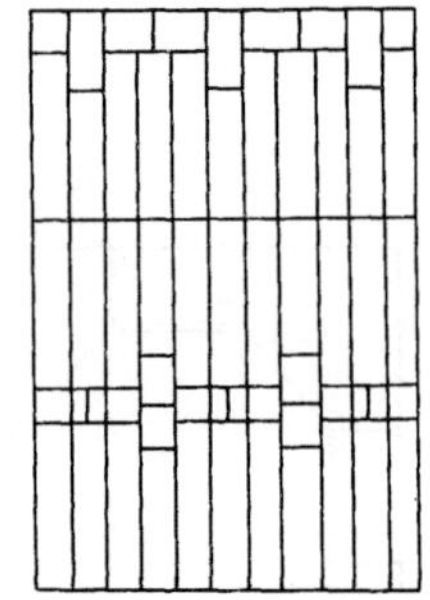

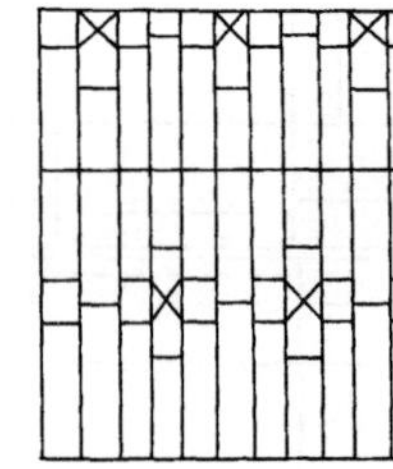

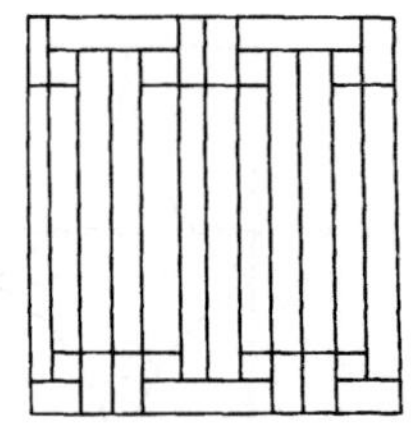

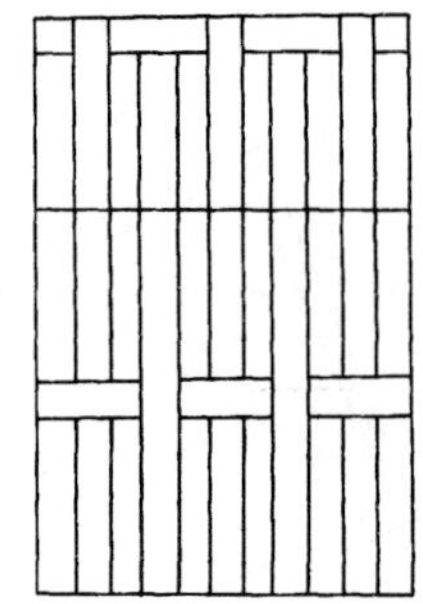

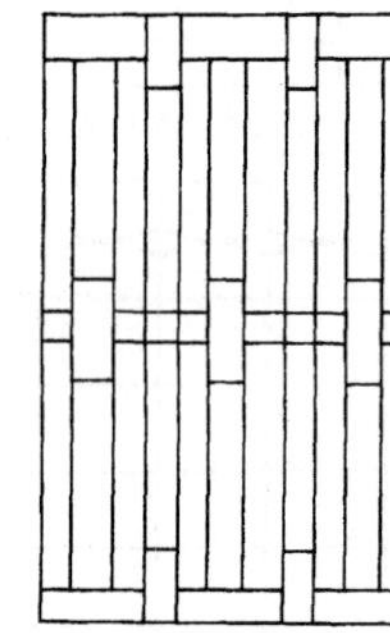

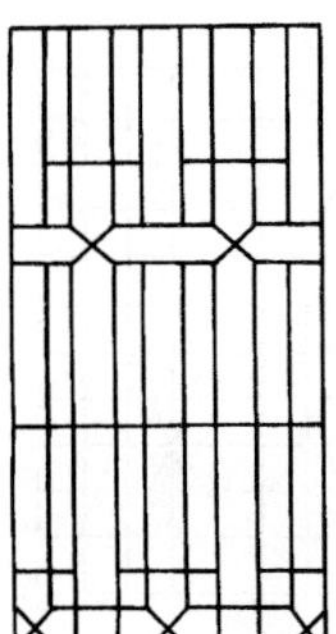

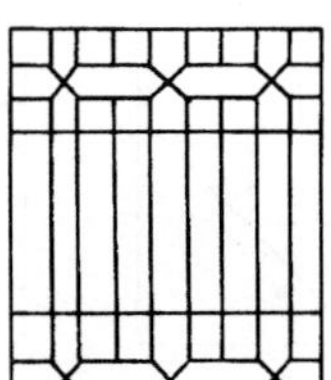

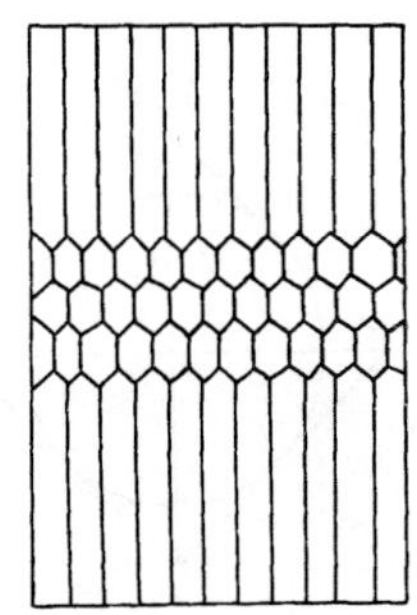

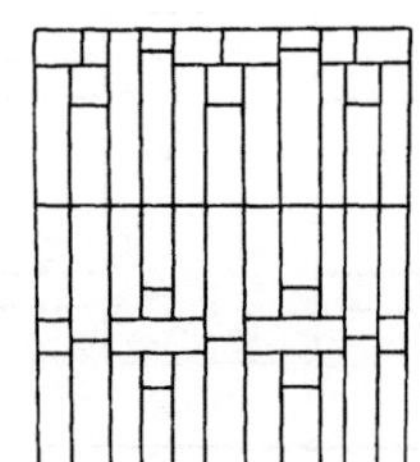

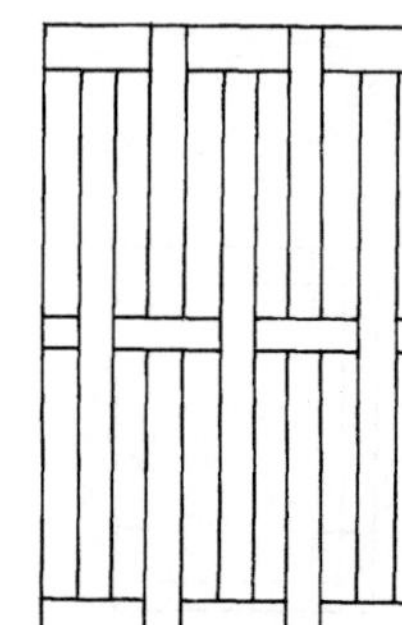

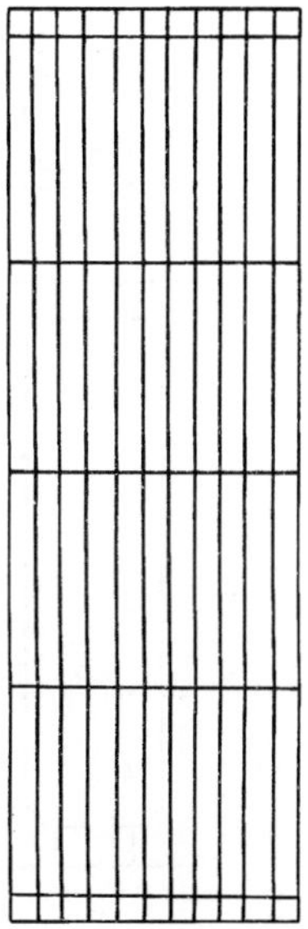

六式

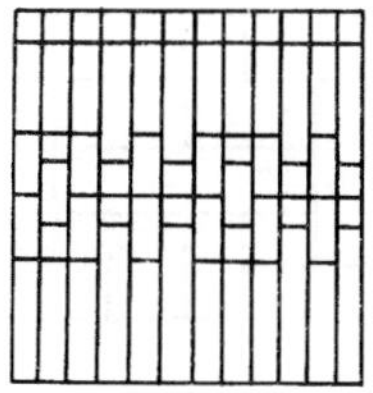

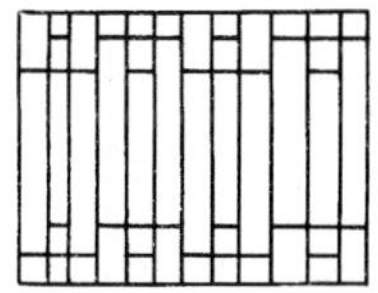

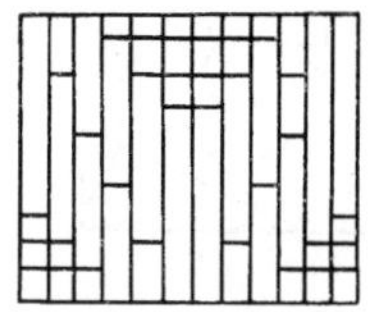

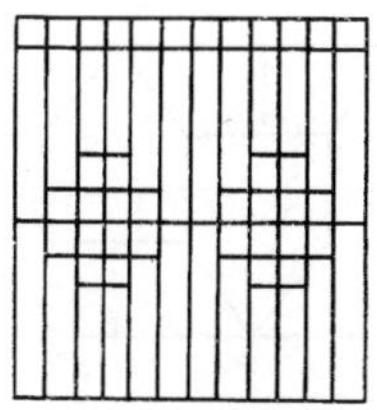

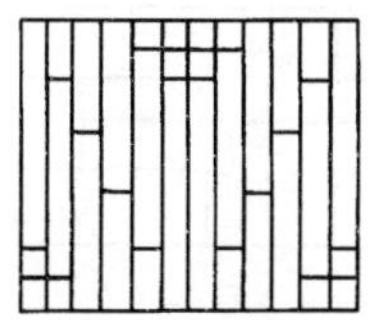

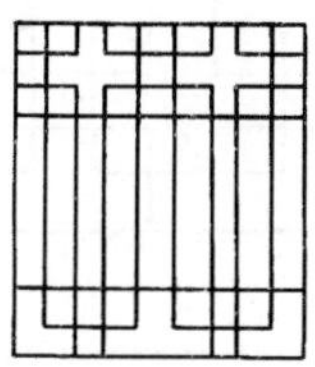

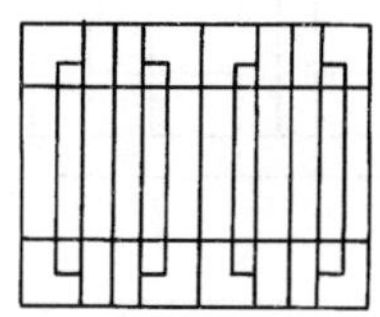

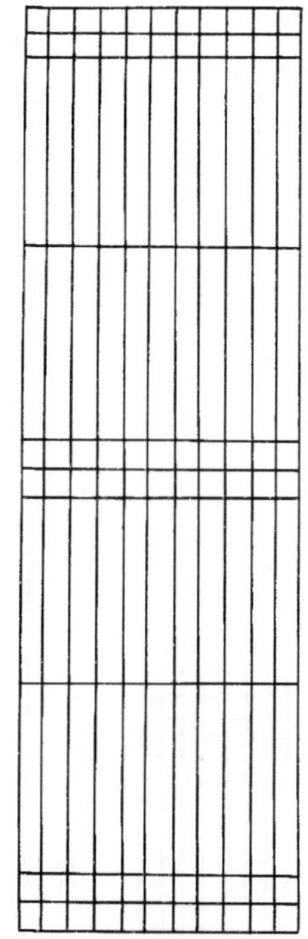

三式

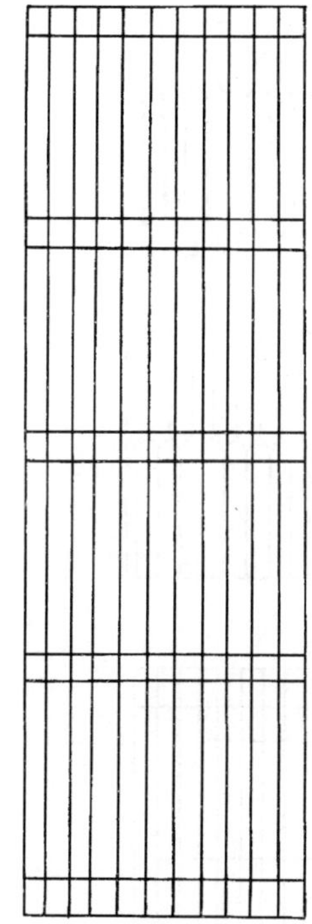

四式

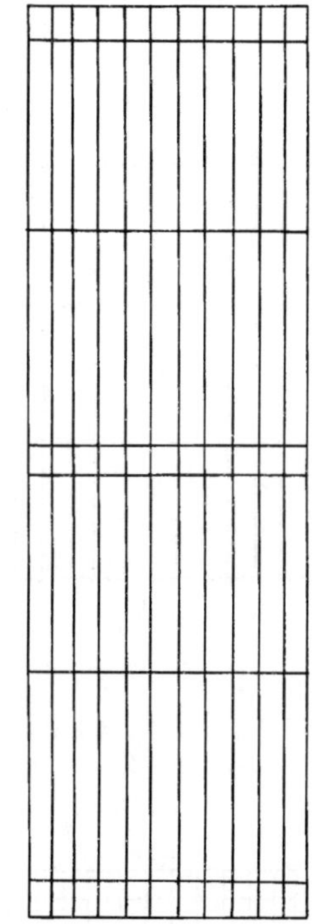

五式

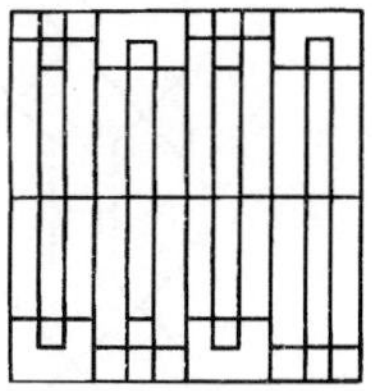

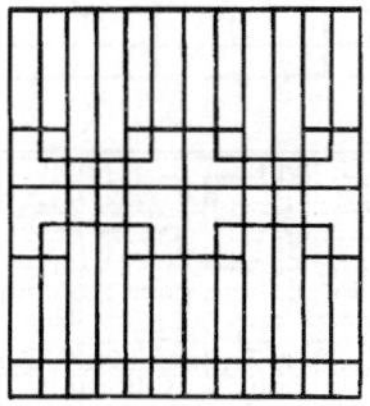

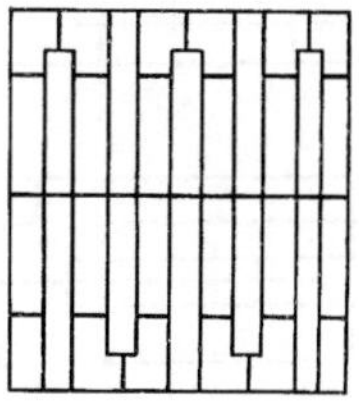

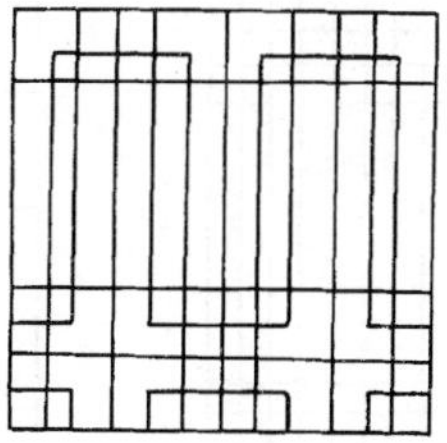

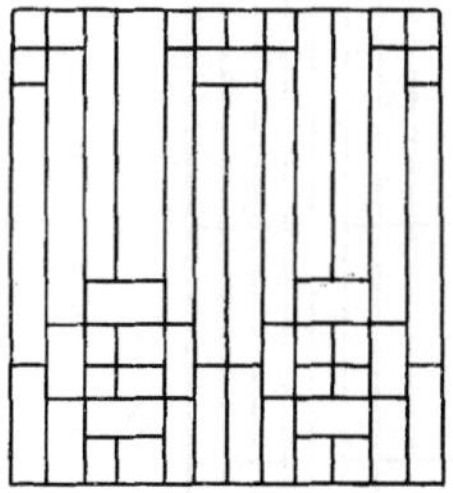

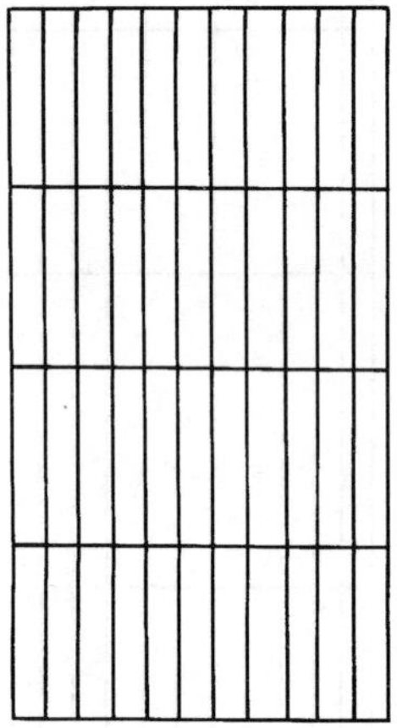

十式

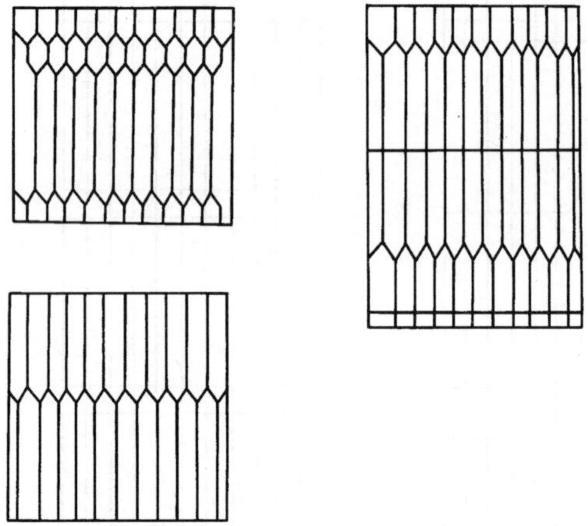

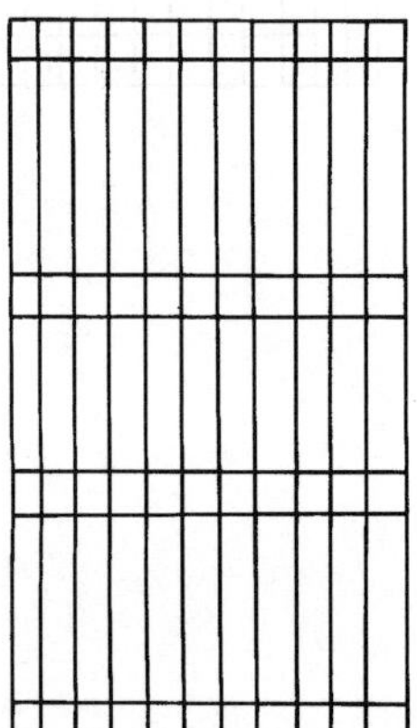

九式

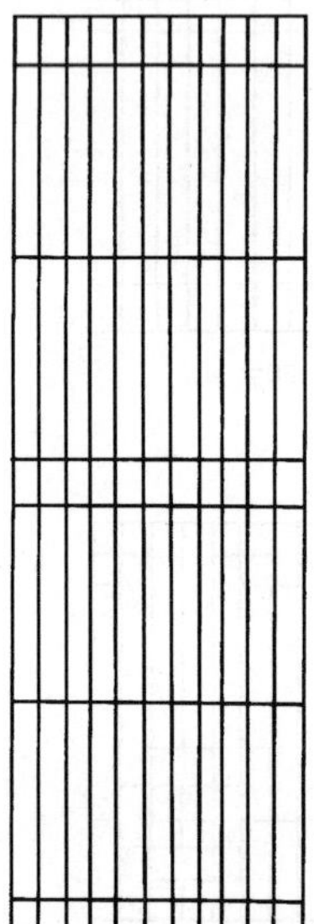

八式

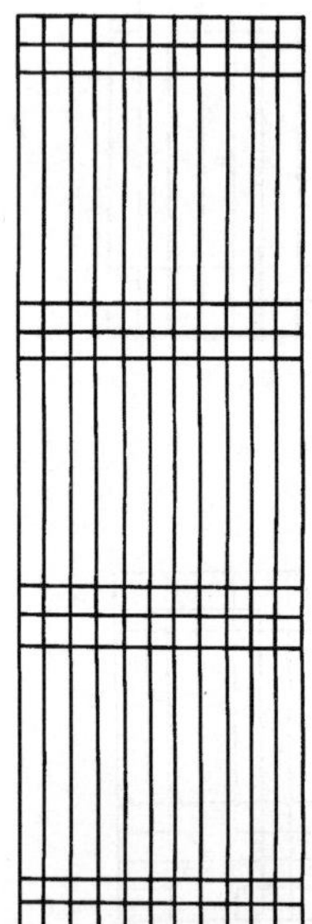

二式

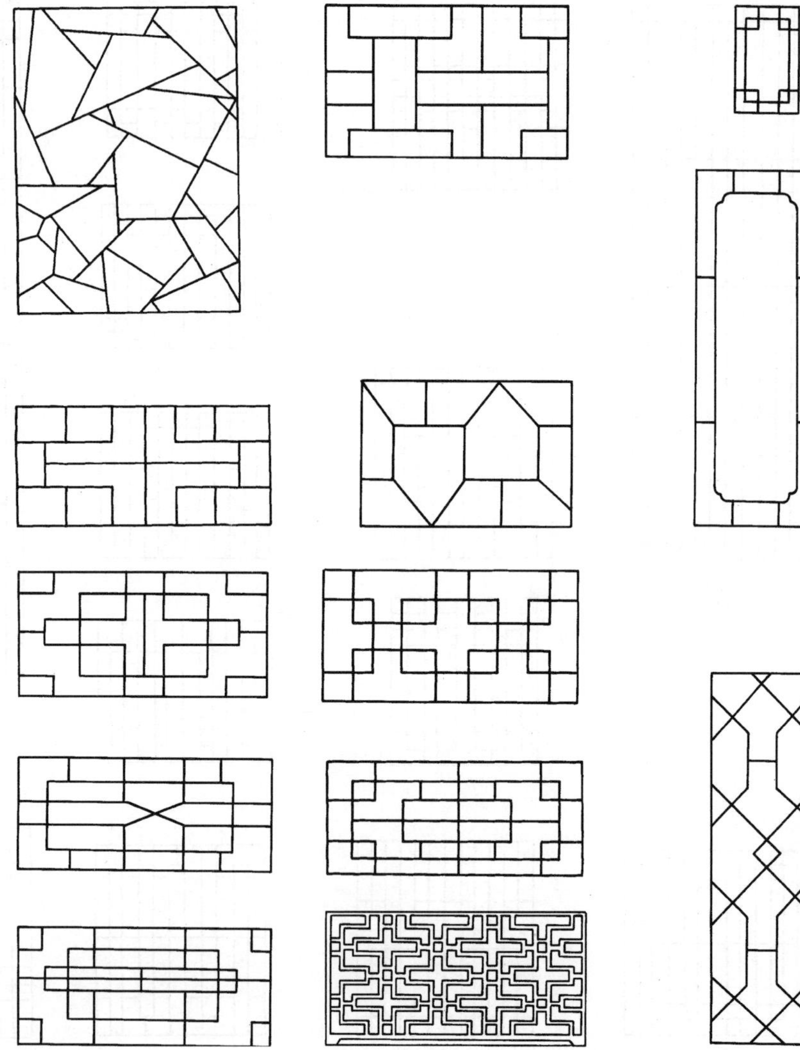

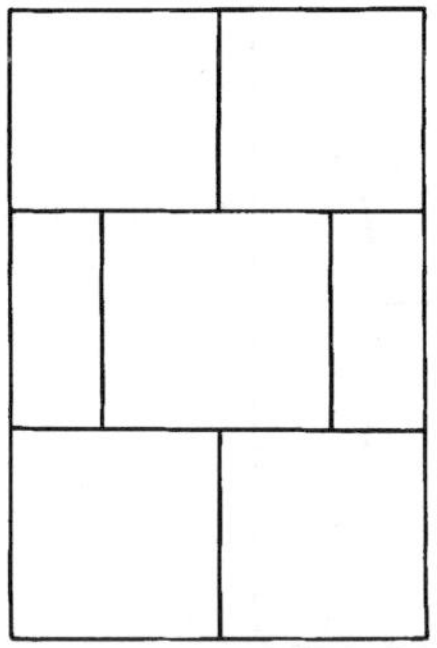

一截式

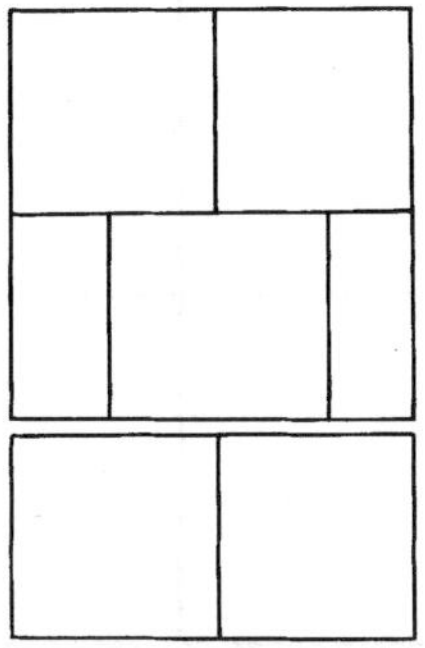

二截式

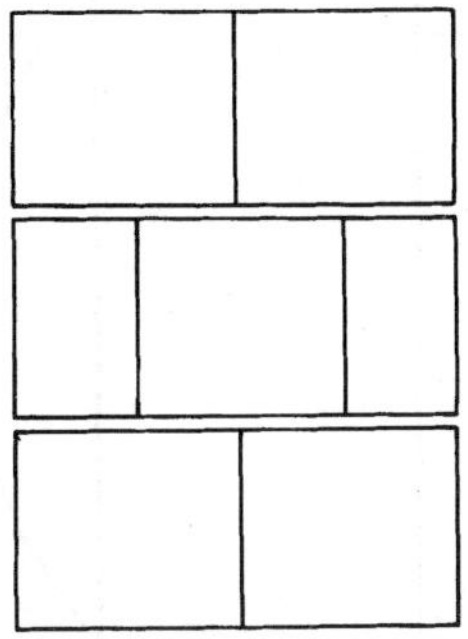

三截式

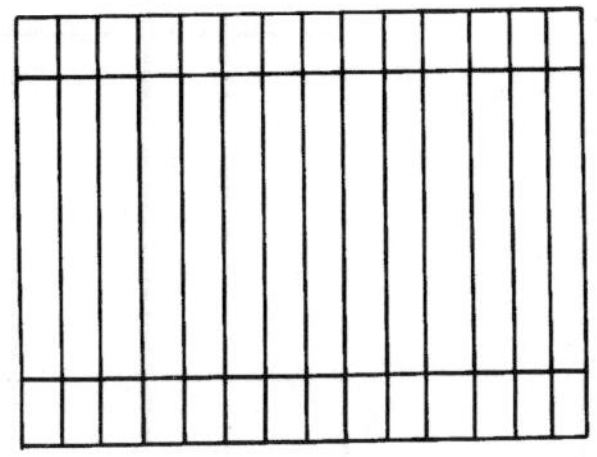

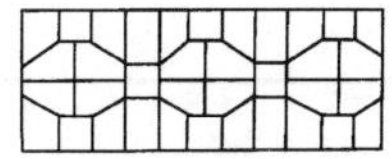

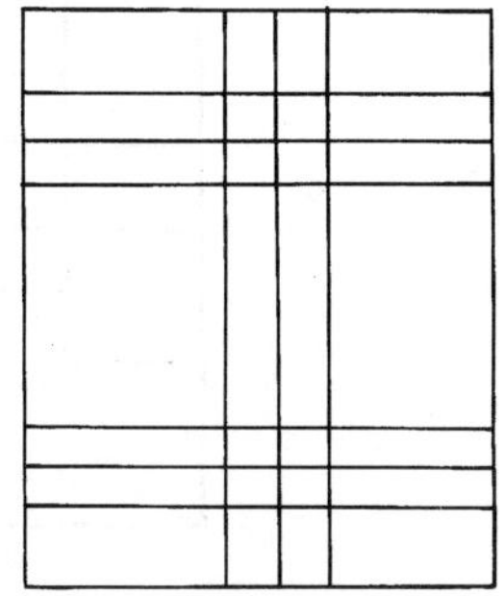

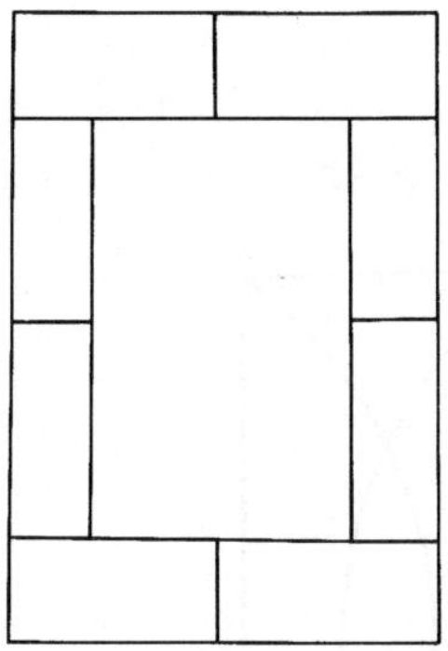

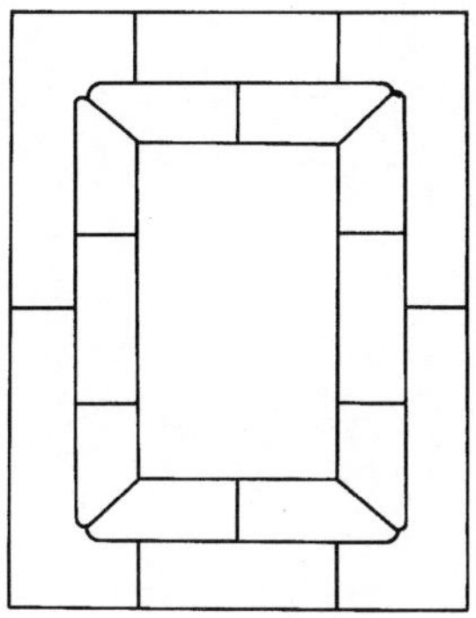

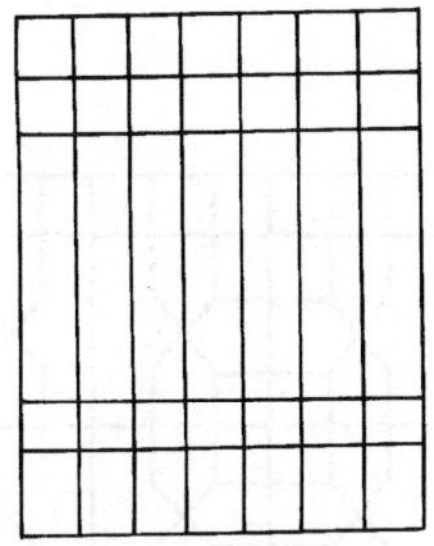

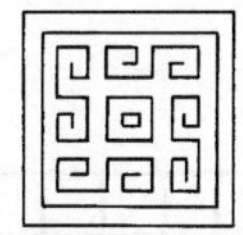

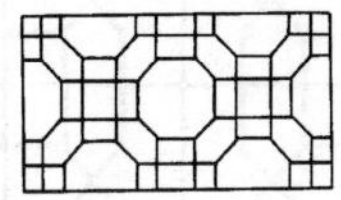

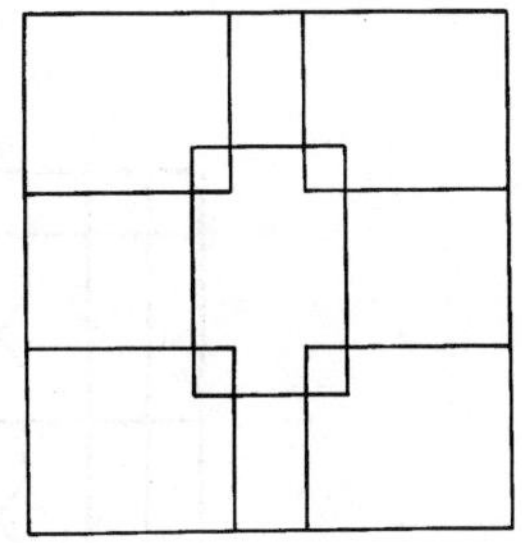

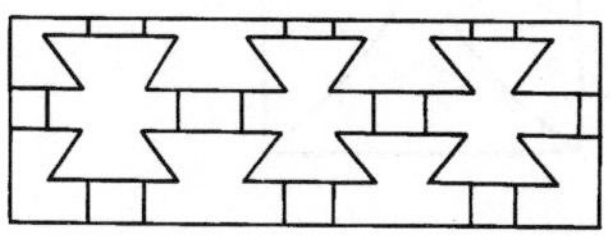

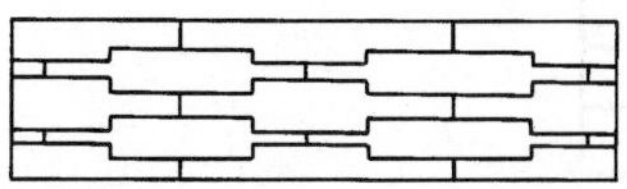

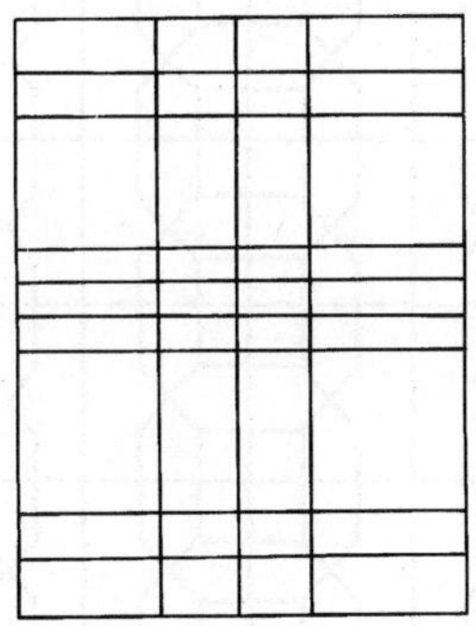

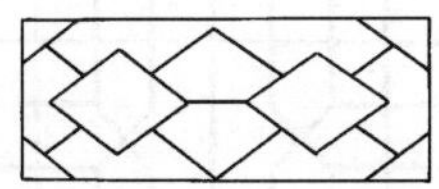

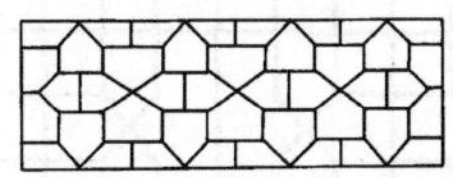

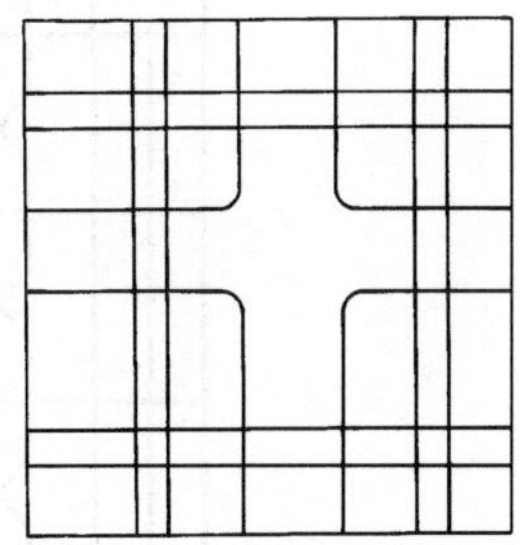

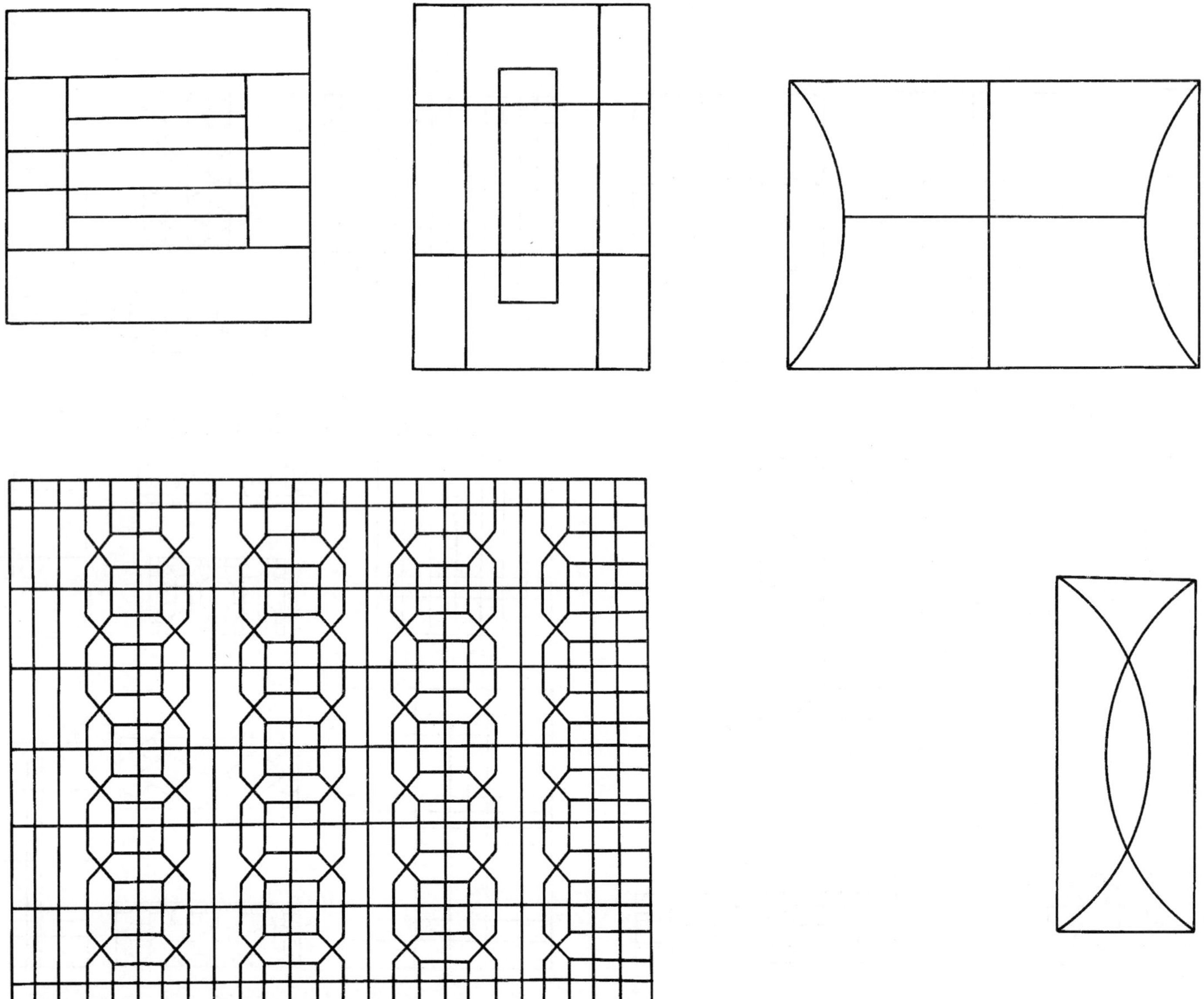

喀什市，阿巴伙加玛札主墓窗棂

圆形的窗式样

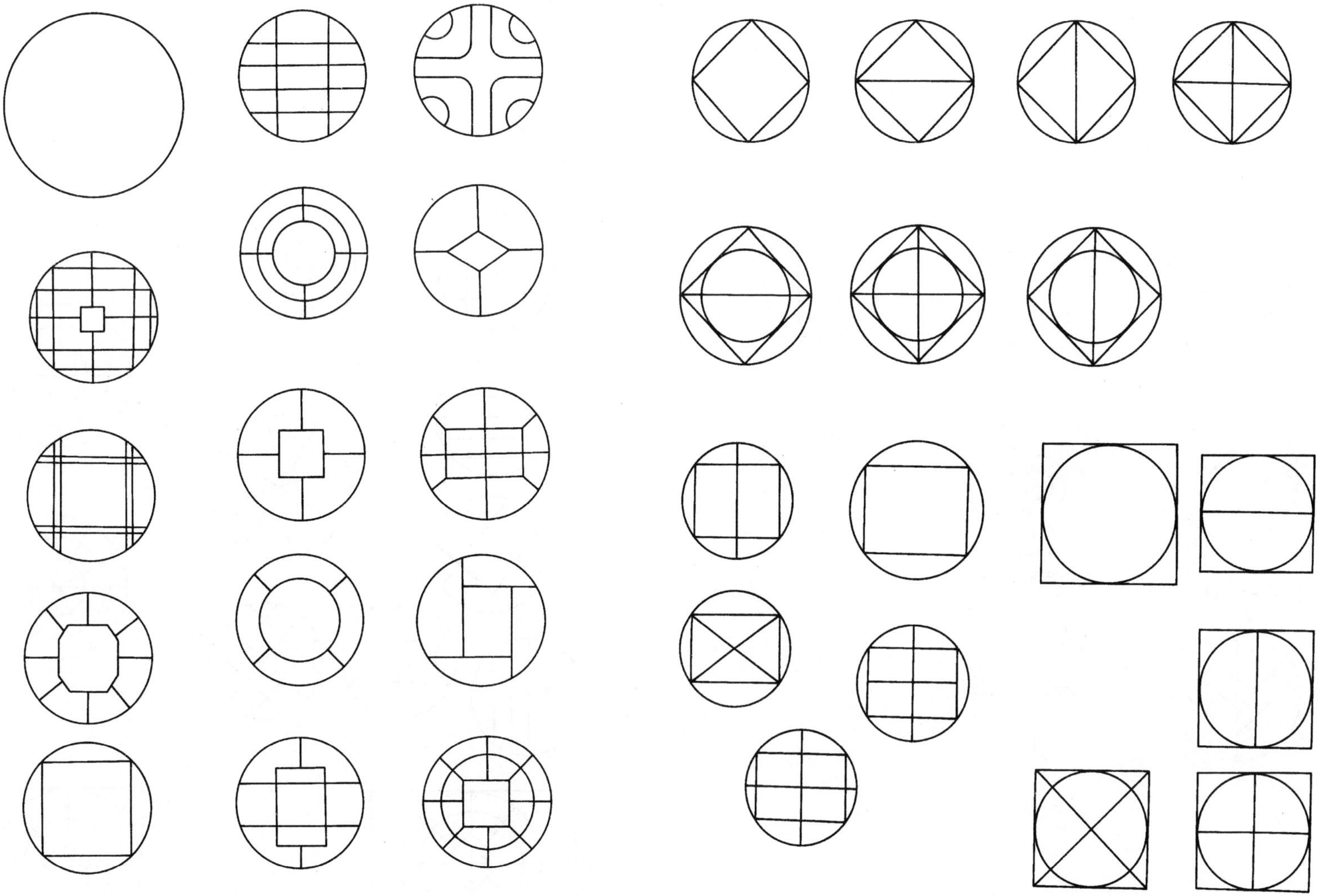

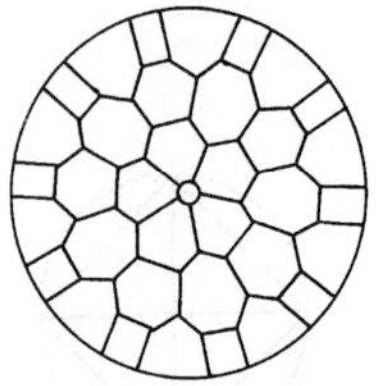

圆镜式

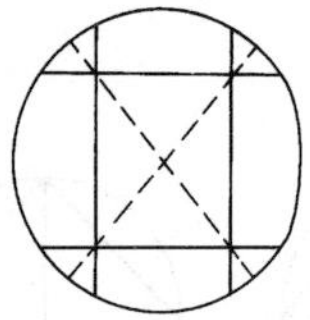

（“虚线”为开启部分）

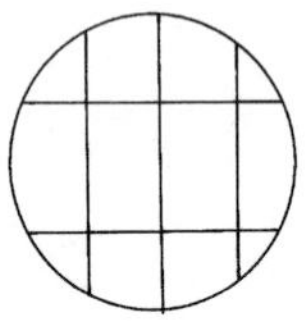

上海，西摩路会堂

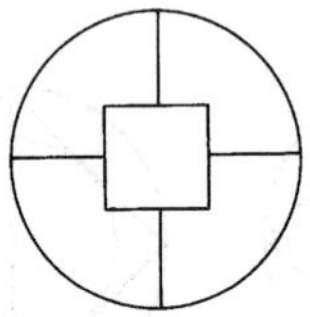

长汀古城

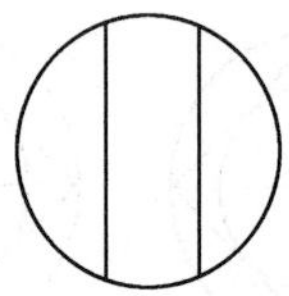

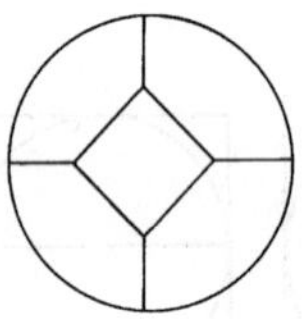

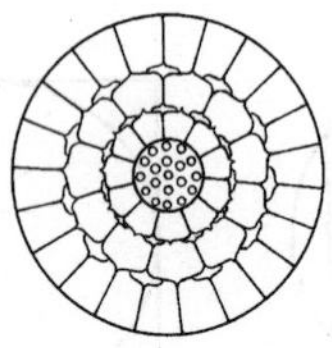

龙门万佛洞（唐）

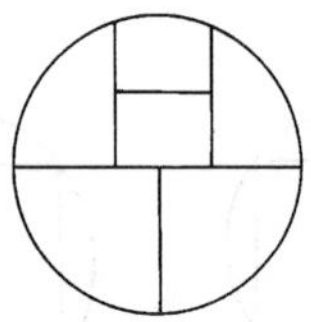

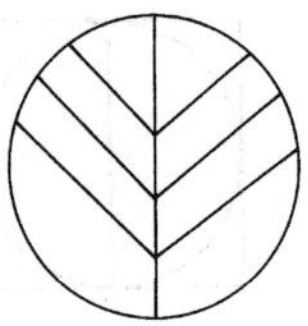

半圆形的窗式样

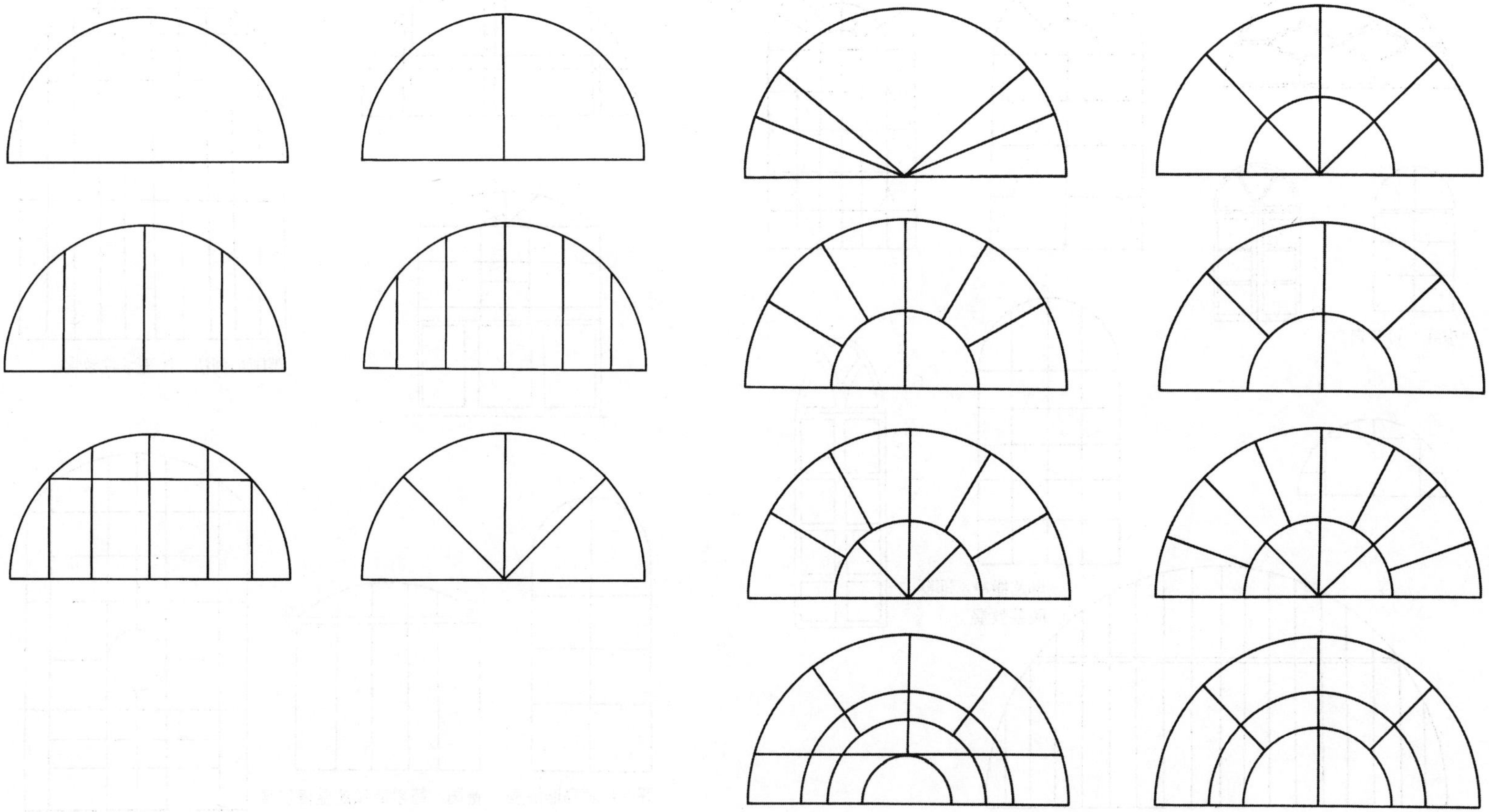

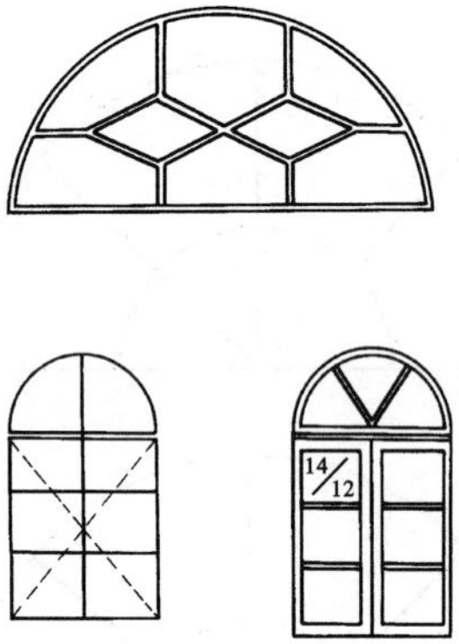

（“虚线”可开启）

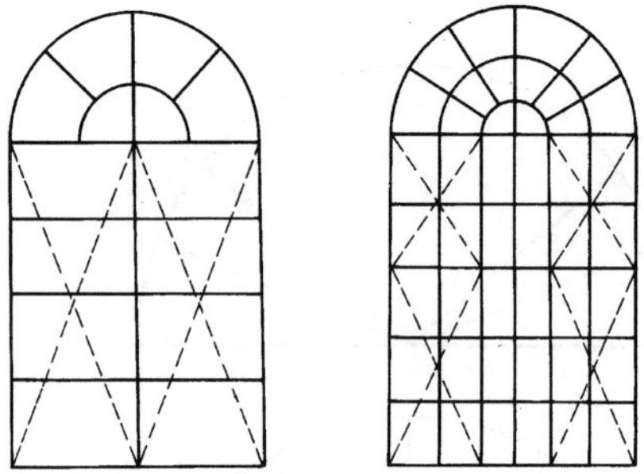

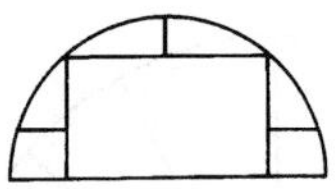

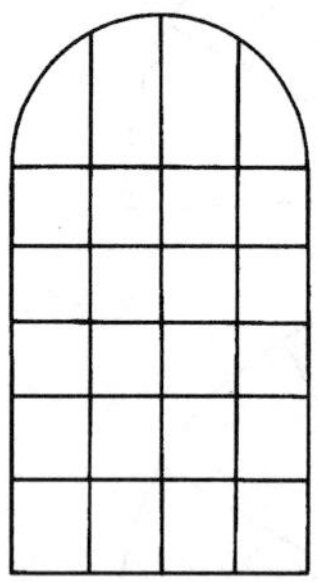

耶路撒冷，耶稣陵墓教堂

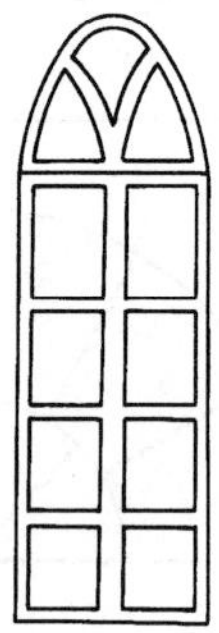

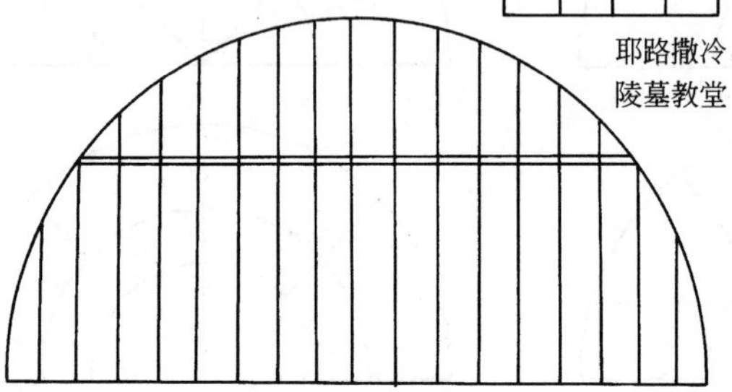

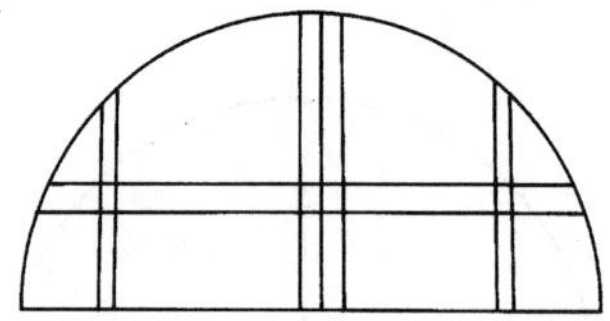

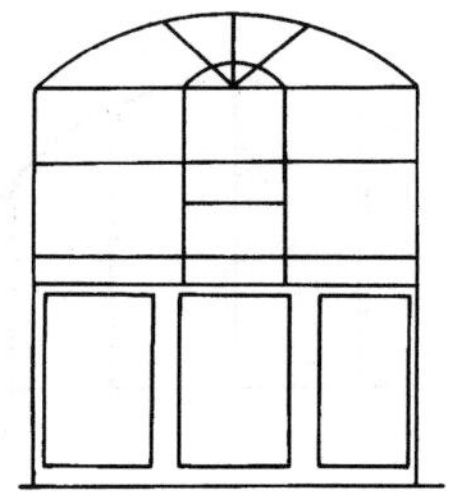

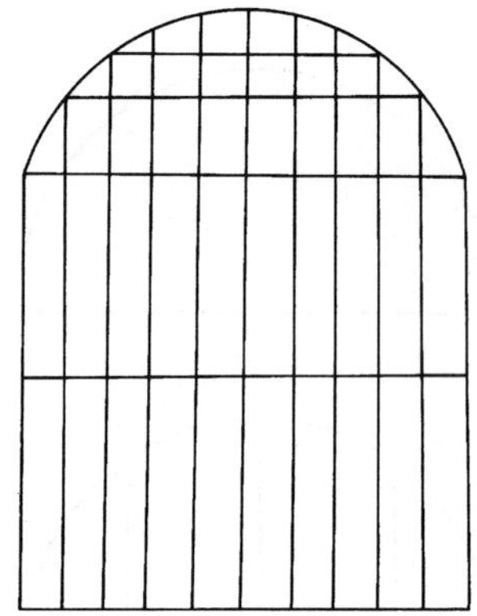

英国，剑桥，国王学院教堂

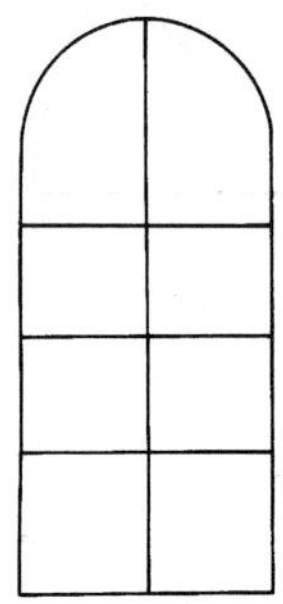

芬兰，萨乌耶浴室

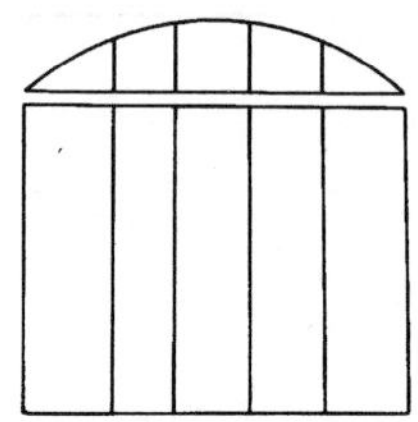

德国，德累斯顿茨温格尔宫

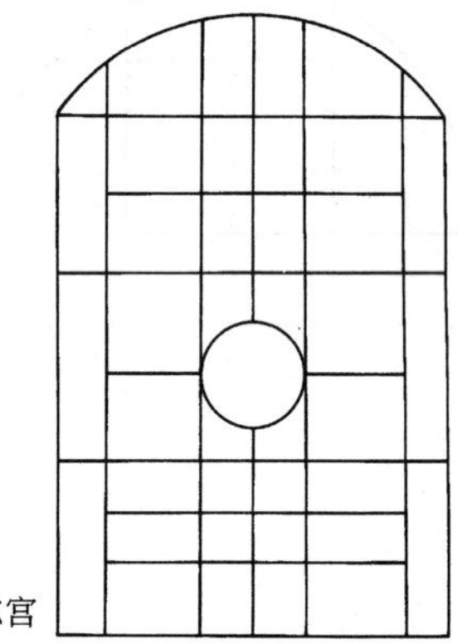

意大利，那波里

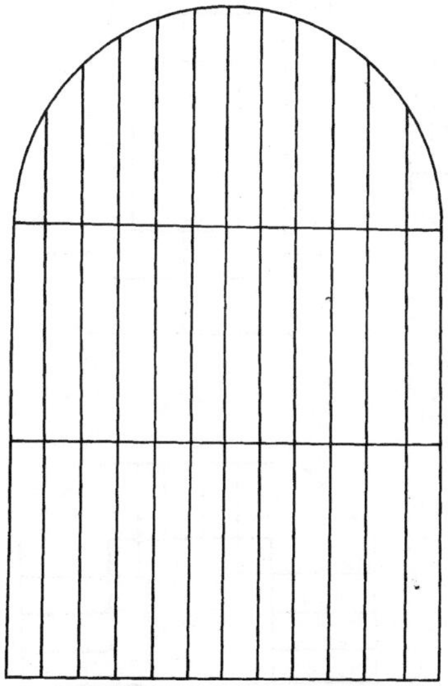

耶路撒冷，耶稣陵墓教堂

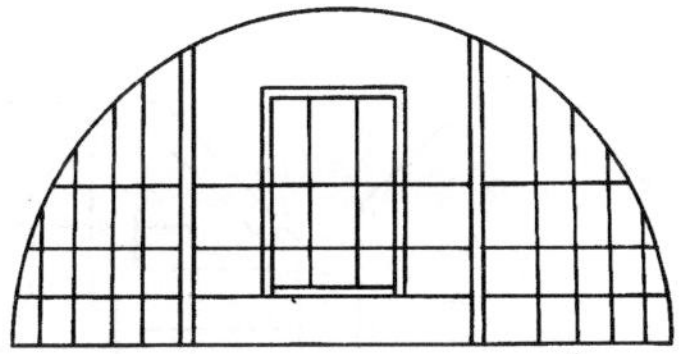

上海，陕西北路会堂

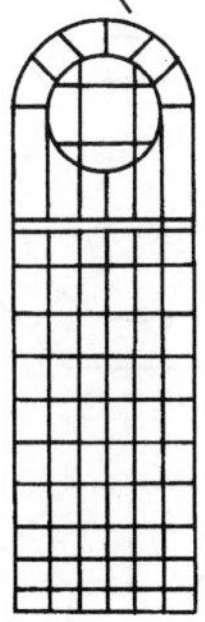

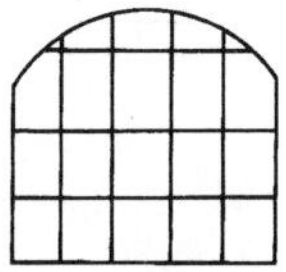

加拿大，温哥华，民居

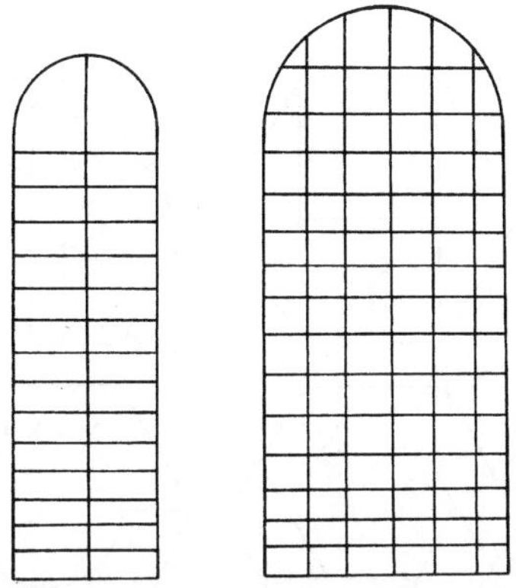

俄罗斯，莫斯科，克里姆林宫内的大教堂

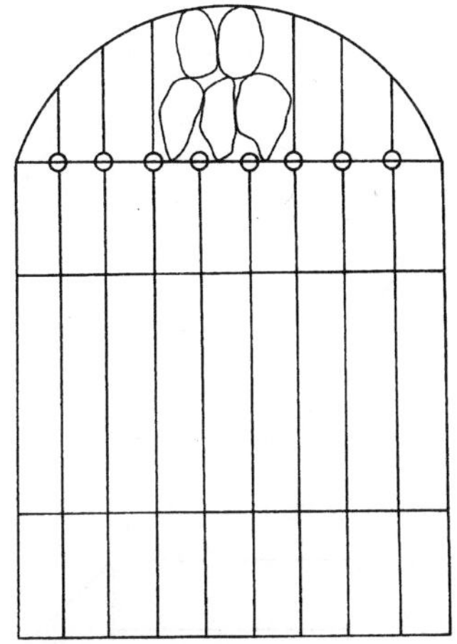

英国，格罗斯特（Gloucester）大教堂

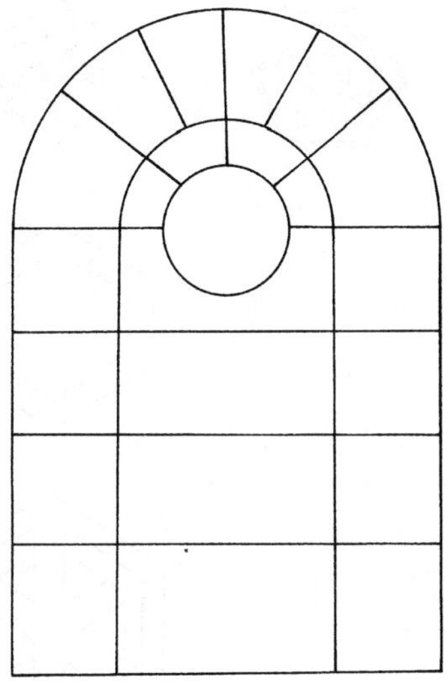

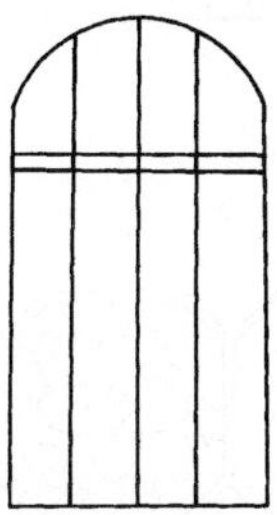

越南，胡志明市，
市政厅

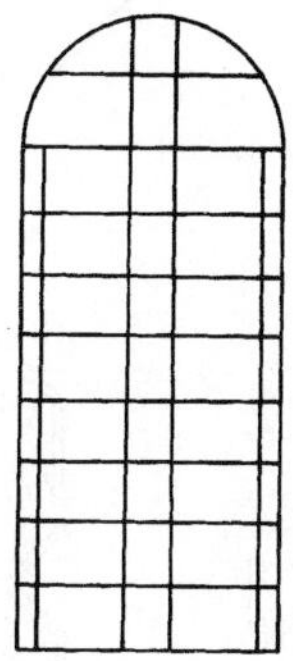

巴黎（距巴黎 100km），
夏尔特尔大教堂

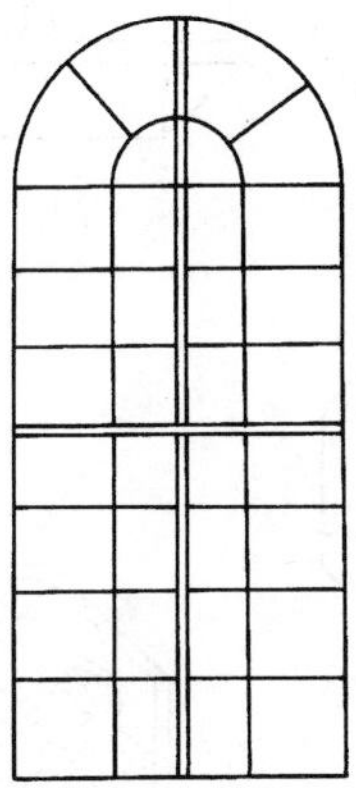

德国，波茨坦珊苏
西宫

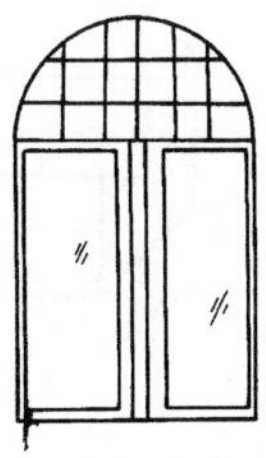

比利时，布鲁日市，马
克广场，中世纪建筑

六角形的窗式样

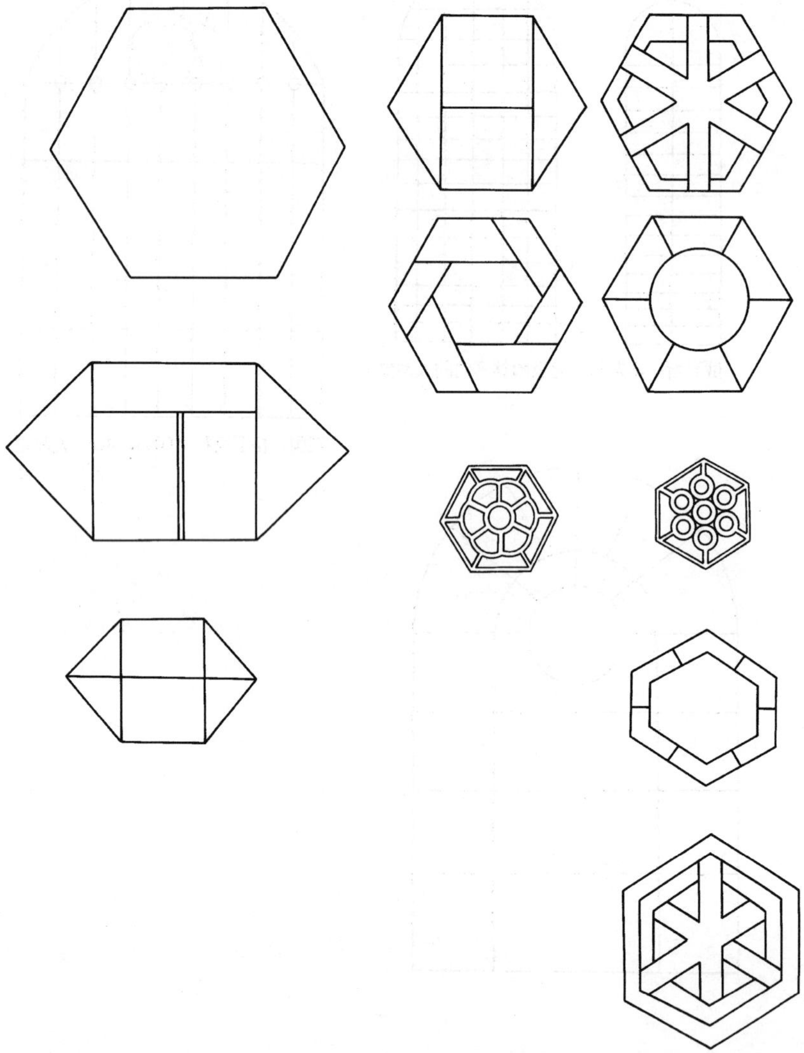

八角形的窗式样

不规则型的窗式样

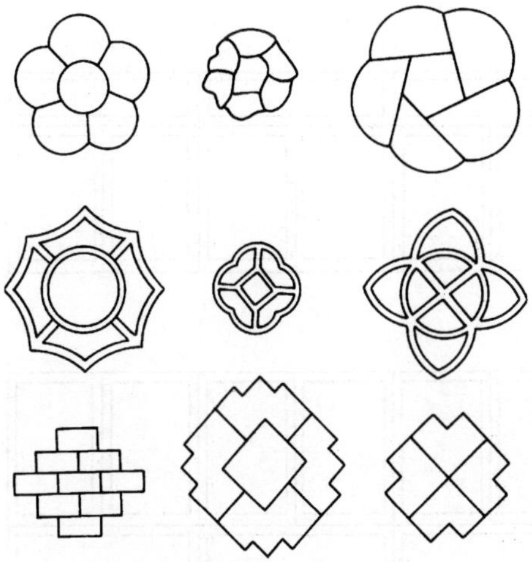

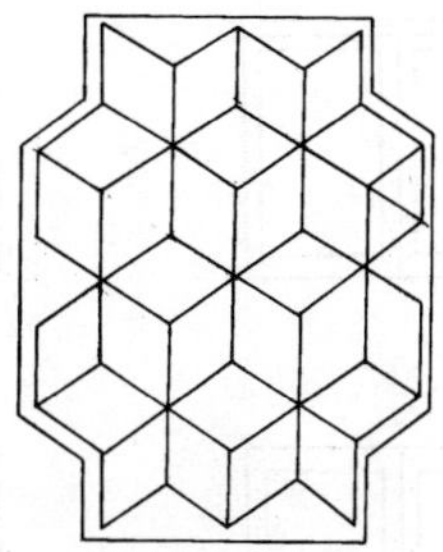

罐式

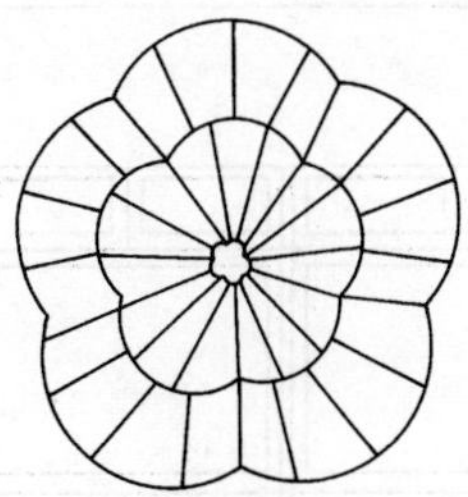

梅花式

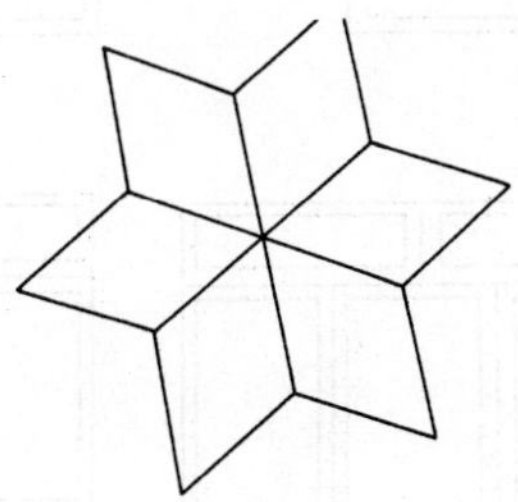

栀子花

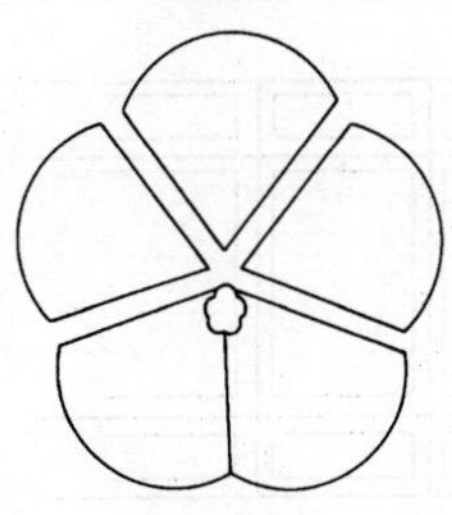

梅花开式

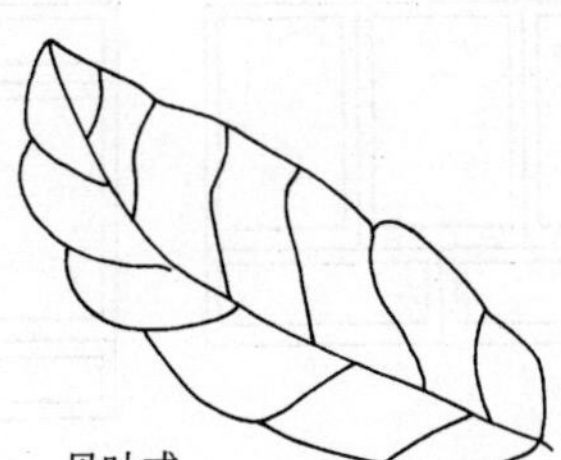

贝叶式

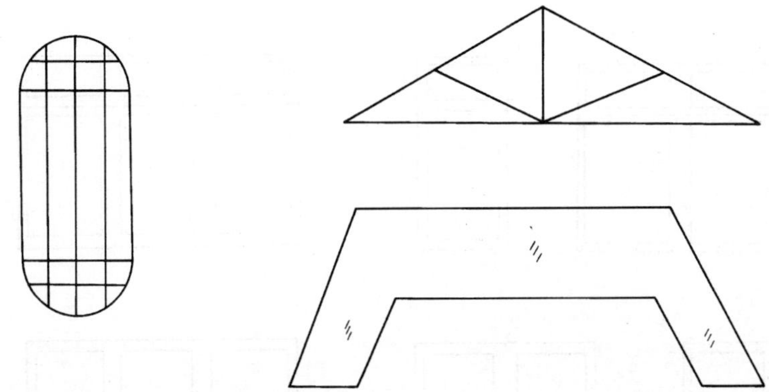

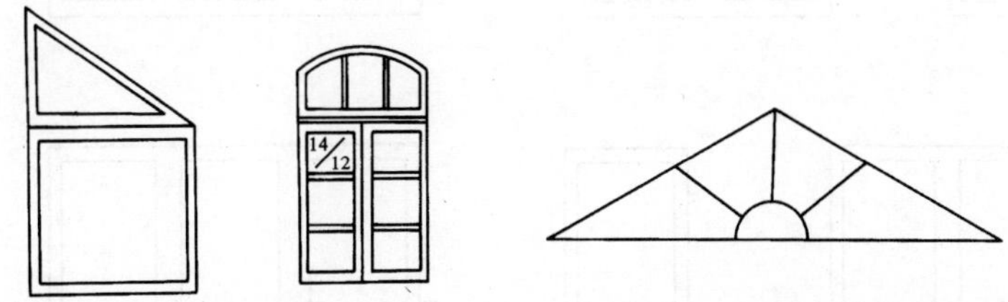

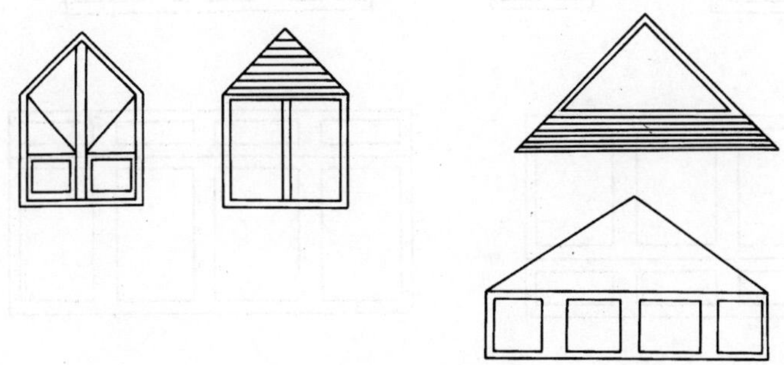

现代建筑窗的典型组合形式（木窗、钢窗、塑钢窗等）（可开启、旋转和推拉等形式）

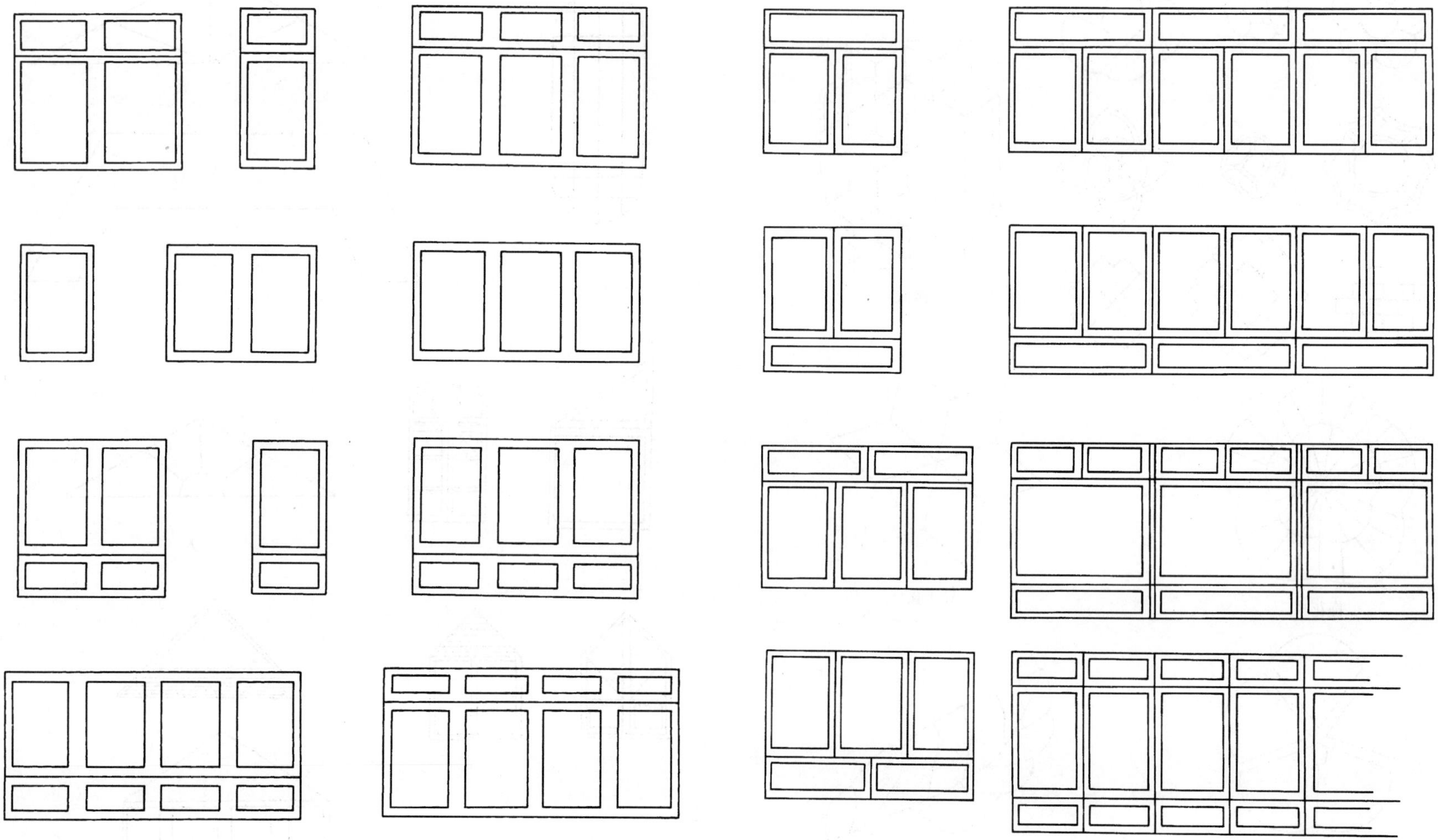

现代建筑窗的常用式样（简图）

● 落地推拉窗（丹麦，住宅）

落地推拉窗可使空间畅开。开启部分四边对防止风雨侵入均做了处理。阳台下面有一根较深的钢筋混凝土梁被石棉板装修所掩蔽，使立面取得了相当于木结构的轻巧效果。

参考尺寸：H' =559mm;H'' =2311.8mm

全高为H' +H'' =2870.8mm（注：H' 为固定窗）

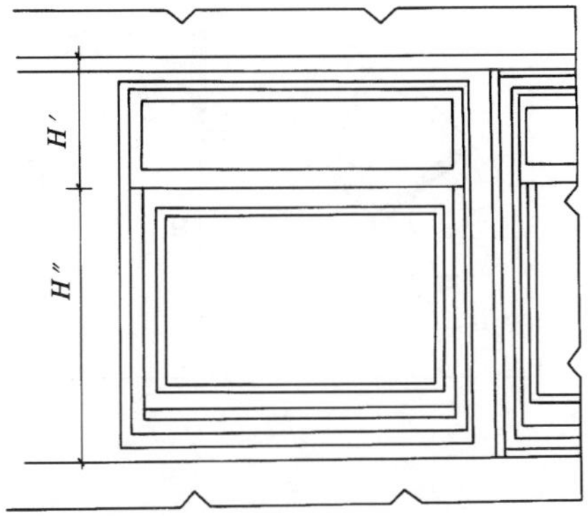

● 中悬双层窗（丹麦，办公楼）

木窗占整个柱子空间，上、下窗间安装整块预制墙板，窗台下内部采用 T 型钢框架，用以安装面板、支撑散热片和挑出支架搁置水磨石窗台板。

参考尺寸：L=5004mm

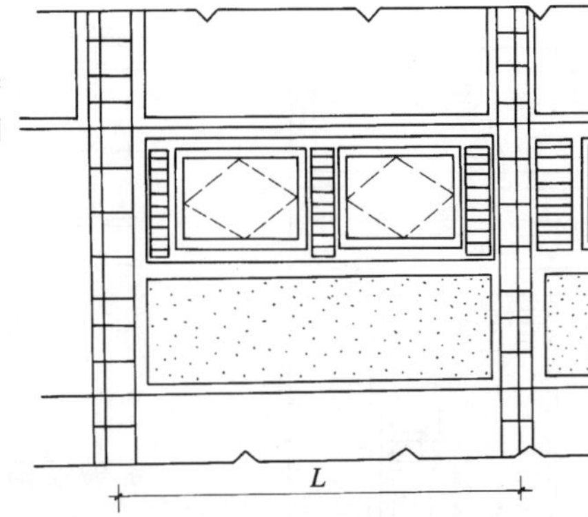

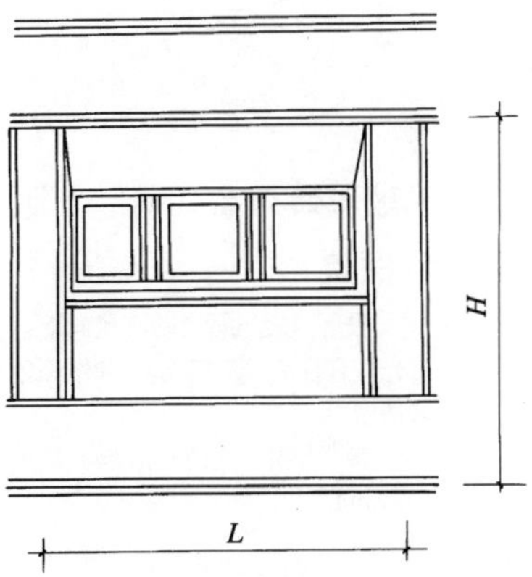

● 侧悬窗（日内瓦，住宅）

窗户上下的围护部分系用预制空心陶砖墙，表面用预制磨光人造石（水磨石）

参考尺寸：L=3124.2mm；H=2997mm

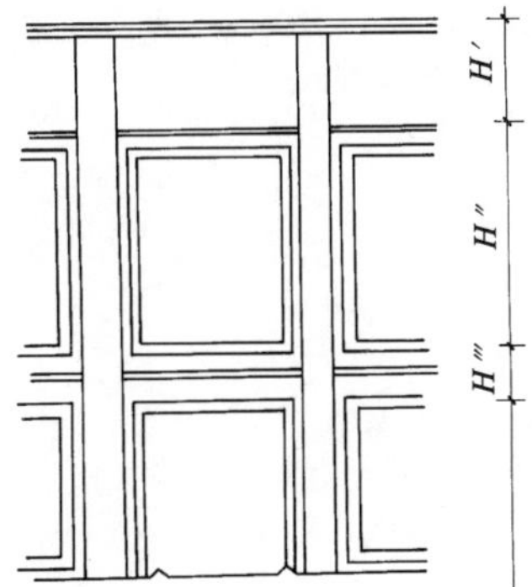

● 侧悬双层窗（瑞典，训练中心）

大窗户型，采用双层向内开的玻璃窗及其他保温措施，使用了防护栏杆和钢化玻璃拦板。

参考尺寸：H' =1219mm，H'' =2362.6mm，H'''=304.8mm

● 升降窗（柏林，图书馆）

宽 4877mm；高为 2539.6mm 的巨型升降窗，用电动操作，当窗子下降，窗底部的披水板自动缩进，窗子顶部的宽金属板即成为门槛条。

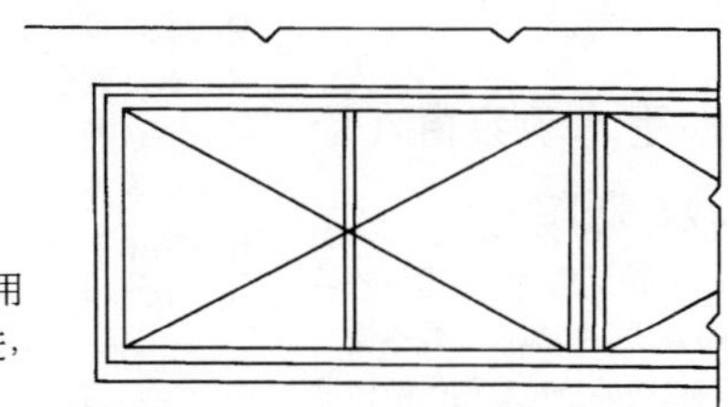

● 大玻璃窗墙（伦敦，纽西兰大厦）

大玻璃窗墙与采暖设备间采用了一段用玻璃片隔成的通风道。

图示：A 为顶棚线；B 为推拉玻璃片；C 为暖气传导器；D 为内部竖梃

参考尺寸：全高为 2692mm

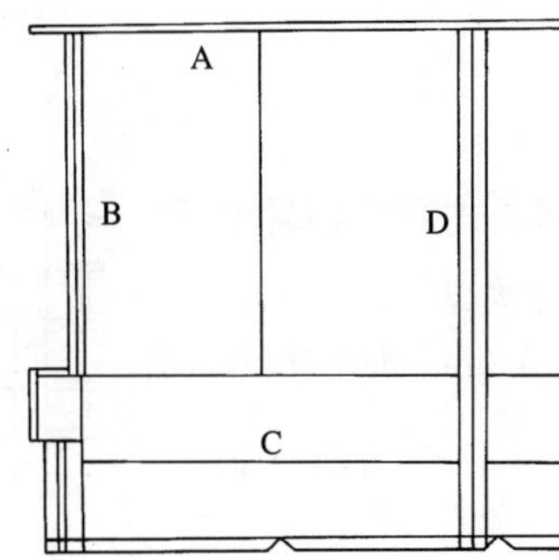

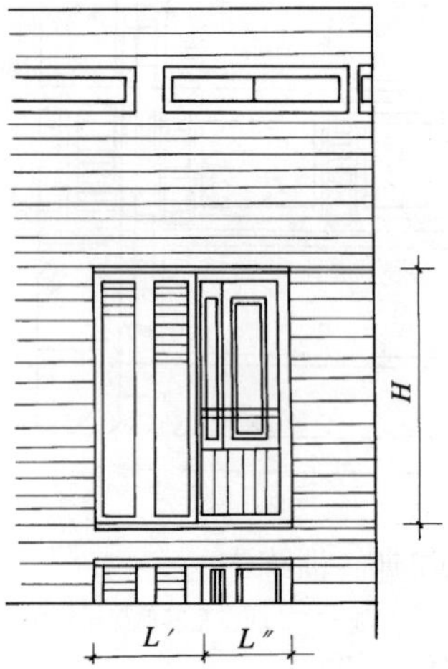

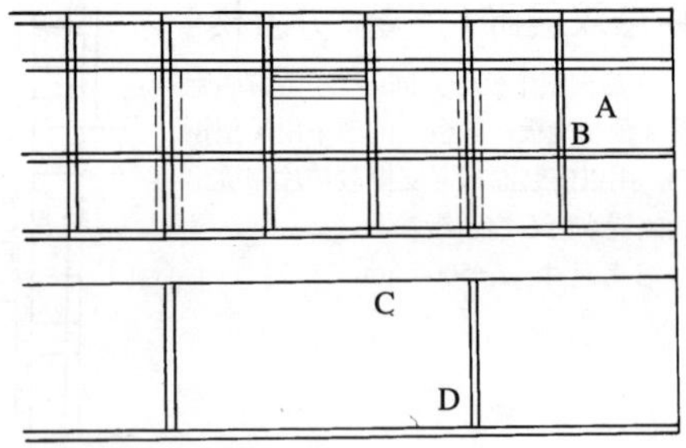

● 玻璃窗走廊（英国，大学）

用玻璃窗封闭的二楼走廊。

图示：A 玻璃；B 竖梃；C 254mm × 88.9mm 槽钢；D 152.4mm × 114.3mm 型钢柱

● 落地侧悬窗（意大利，住宅）

适宜炎热地区。落地窗下部固定但玻璃可以卸除。外悬推拉百叶窗。

参考尺寸：$L'=L''=1199.75$mm；H=2997mm

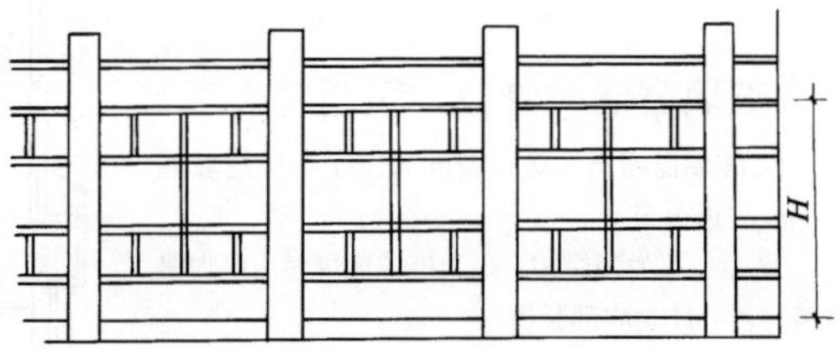

● 通长式窗墙（英国，利物浦大学）

采用焊接钢结构及轻质材料贴面板。

参考尺寸：H=304.8mm

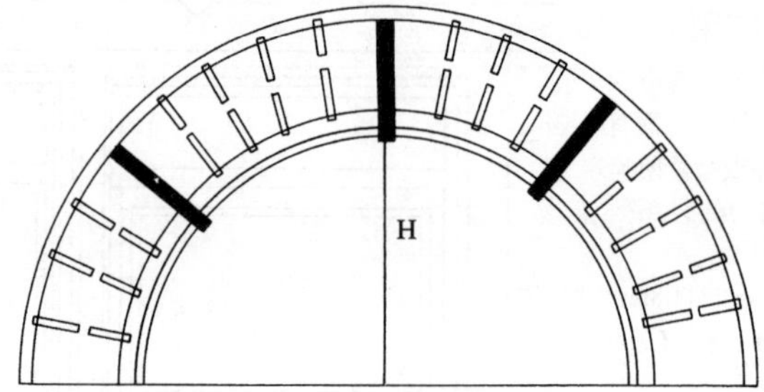

● 圆穹玻璃天窗（伦敦，飞机场，休息厅）

天窗下设钢丝网（防玻璃碎而下坠），荧光管灯槽上面设有活动板（便于安装）。

参考尺寸：762.6mm

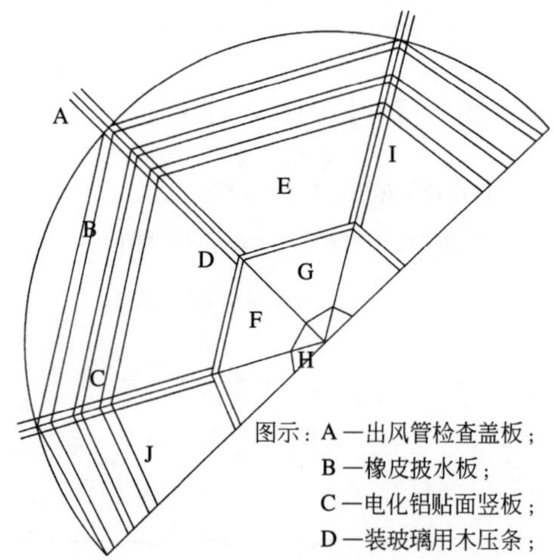

图示：A—出风管检查盖板；
B—橡皮披水板；
C—电化铝贴面竖板；
D—装玻璃用木压条；
E—成品双层玻璃；
F—胶合板；
G—硬木盖条；
H—硬木盖；
I—76.2mm × 76.2mm 角钢；（主框架）
J—装玻璃用木压条

● 手术观察窗（伦敦，医院）

成功设计：手术灯的悬吊方式、吸风道、观察窗的双重玻璃及观察用的护栏等

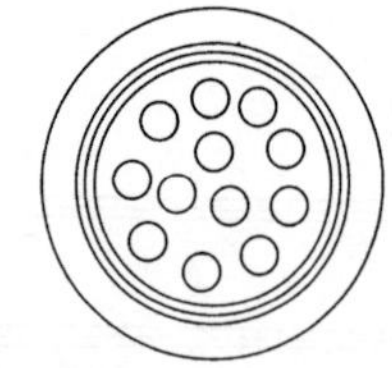

● 玻璃砖天窗（荷兰，眼科医院）

设环形暖气管（防冷风向下），采光口直径小（防眩光），并用深色调造型。

参考尺寸：直径（全结构尺寸）1651mm

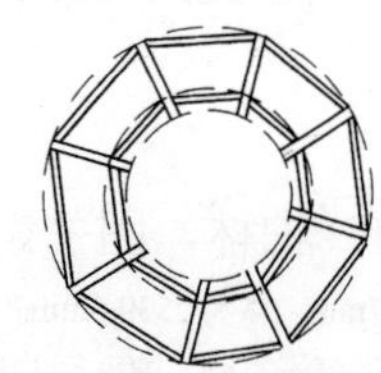

● 手术室观察窗（德国，医院）

参考尺寸：4470mm

“虚线”为电化铝镶边

● **玻璃隔断（伦敦，办公楼）**

图示：A 墙体

参考尺寸：H=2134mm（全高 H' =2590.4mm）

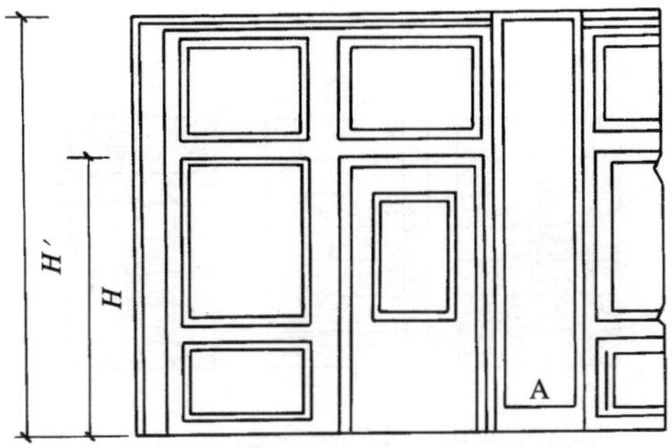

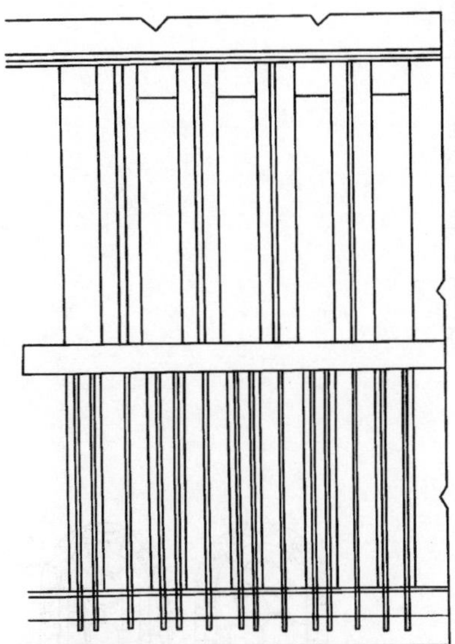

● **玻璃屏障（伦敦，学校）**

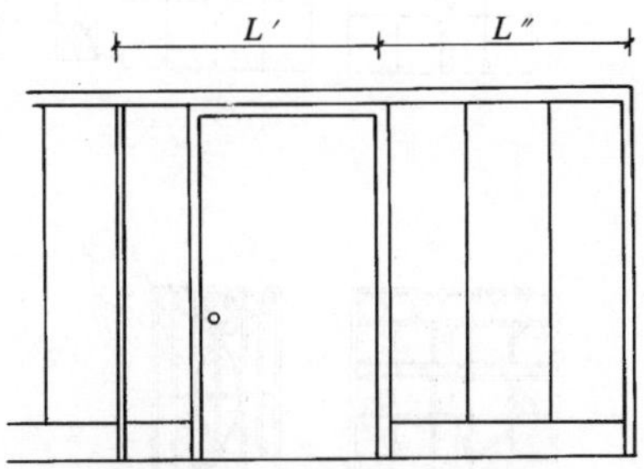

● **独立隔断（伦敦，办公楼）**

参考尺寸：

厚度 50.8mm；L' =L'' =1653mm

单扇和多扇竖开木窗式样

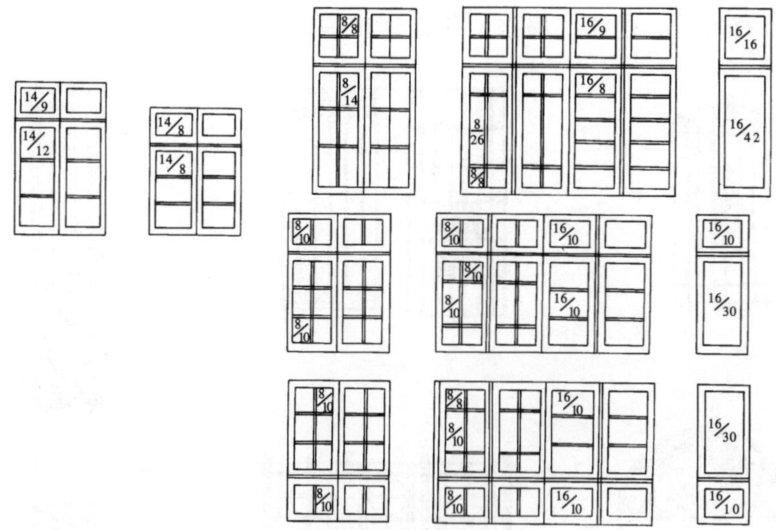

典型的钢窗式样

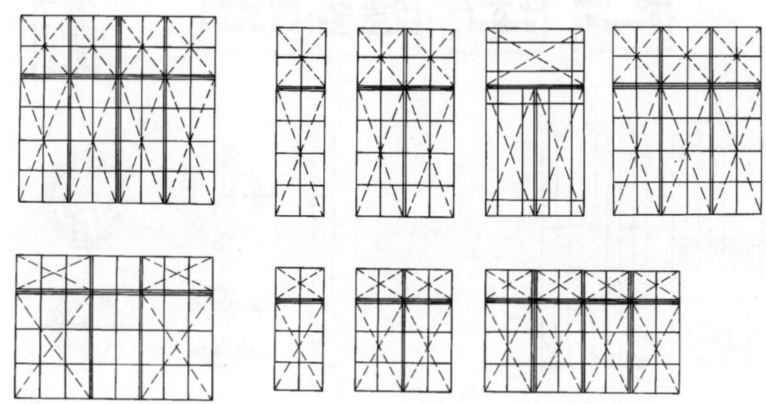

窗铁栅

- 有方铁、圆铁、扁铁、花饰铸铁等

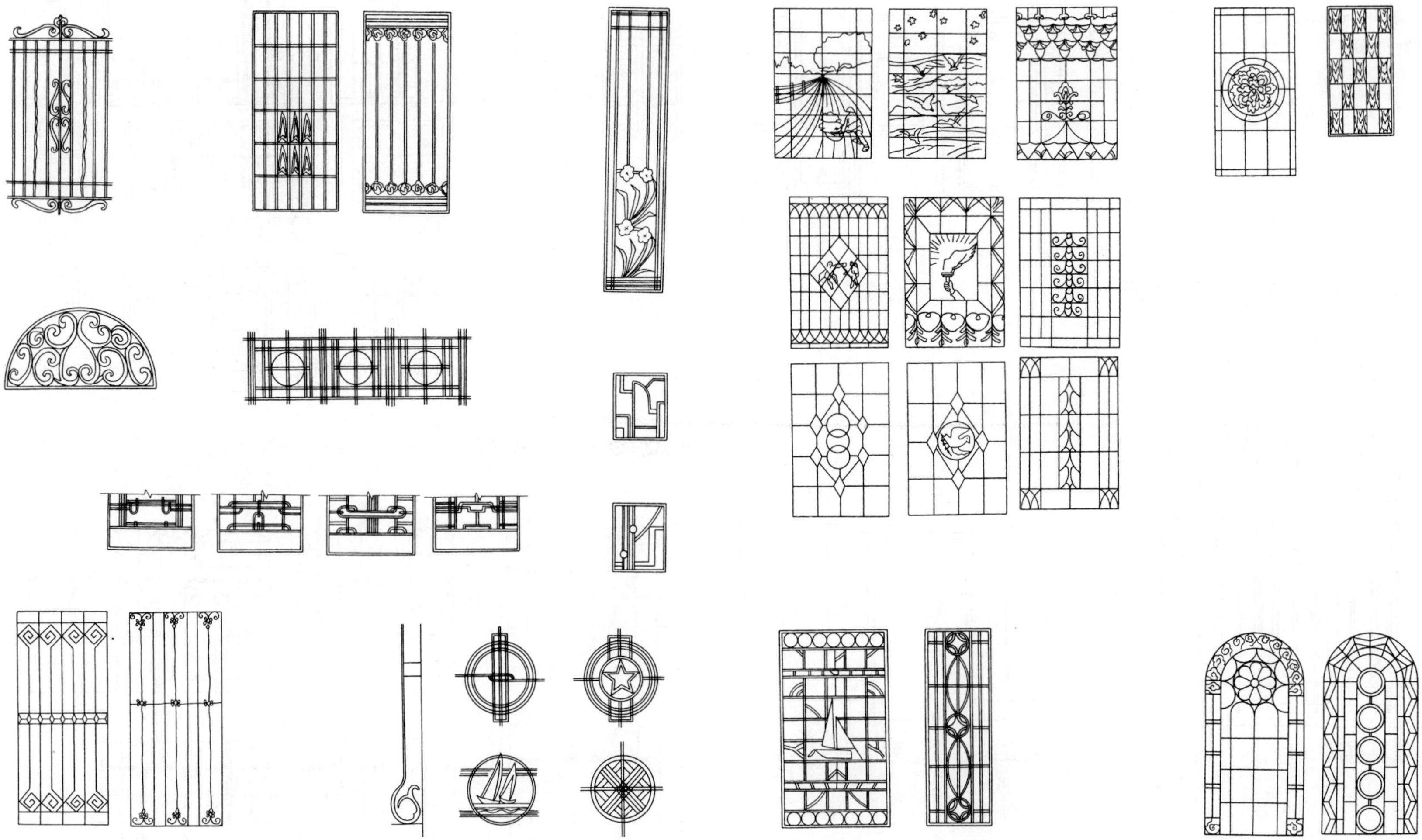

工厂（或仓库）钢窗（典型）式样

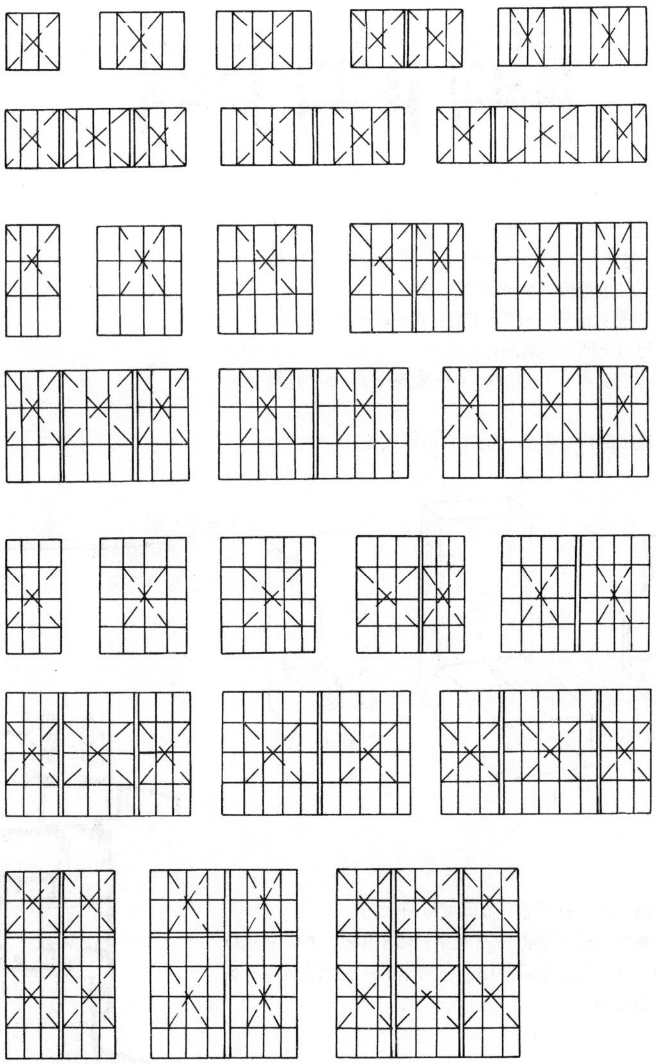

自动纱窗

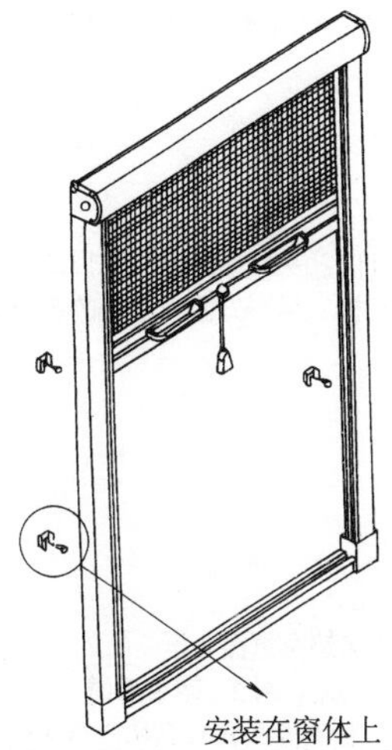

（*a*）

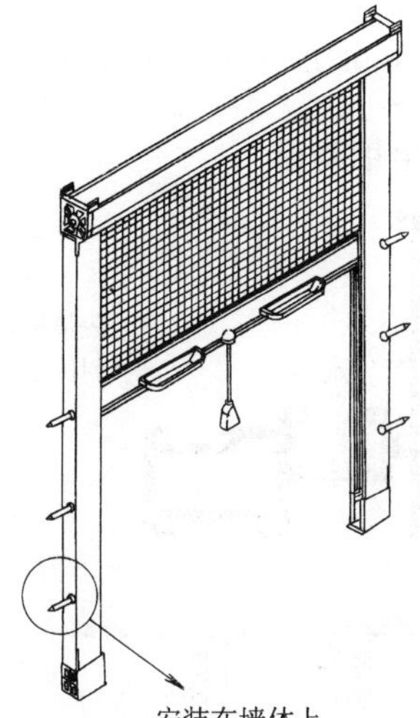

（*b*）

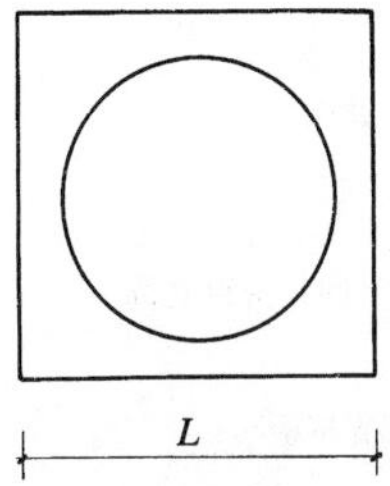

（*a*、*b*）大样尺寸（方形框，套圆形）

正方形套圆形转筒，*L* 尺寸有 35cm、40cm、48cm 可以选择。

铝制窗

德国近几年的统计，铝制窗的应用占有一定的比例。如：木窗占47.38%，全塑钢21.2%，钢窗5%，铝制窗25%（占总数的1/4），其他1.5%。

● 全铝制窗

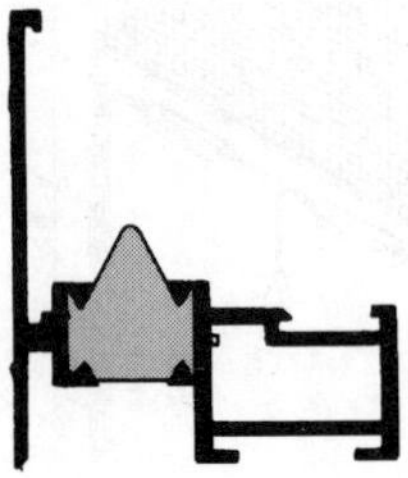

隔热的铝制窗框架截面图

特点：切断侧风的热、冷进风方位，从而达到隔热的目的；设隔热板有两个功能：一方面连接双底板；另一方面为上方的窗户密封固定。

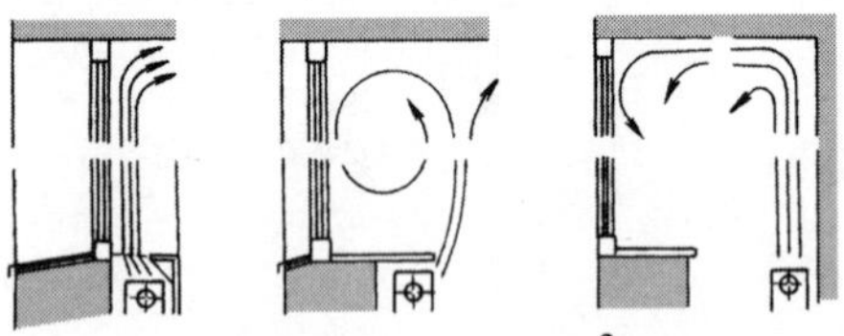

窗处加热空气流分析

图1正确；图2、图3不佳

（注：窗台暖气片导向热空气流的开口方式）

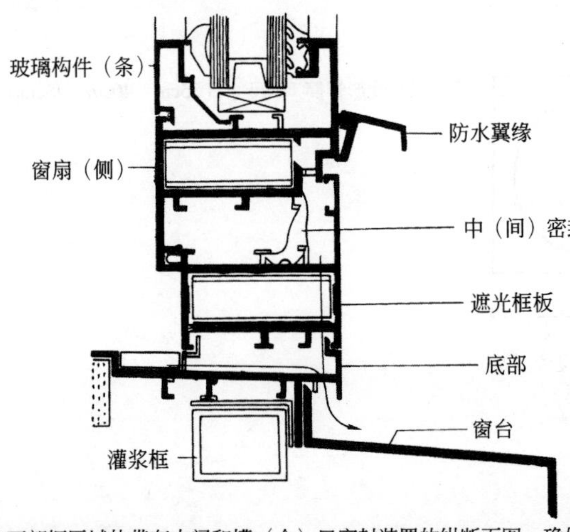

全铝（制）窗的下部框区域的带有中间和槽（企）口密封装置的纵断面图，确保玻璃槽（褶缝）的有效防水。

● 隔热的铝制窗

三种装玻璃的类型

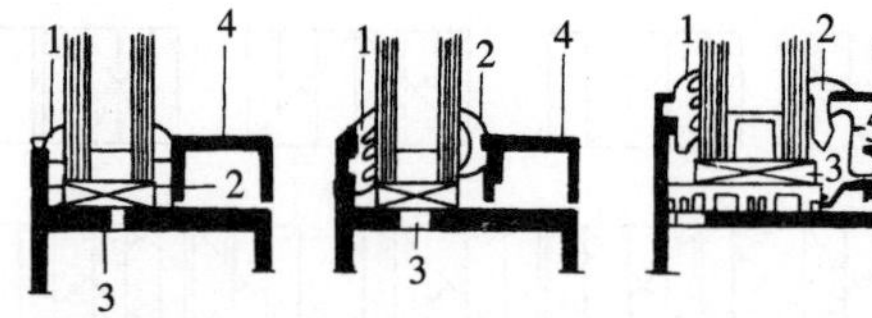

（*a*）　（*b*）　（*c*）

（*a*）湿法上釉，装玻璃片

1—密封件；2—间隔垫圈；3—排水设置；4—玻璃压条

（*b*）干法上釉垫，装玻璃片

1、2—密封件；3—防水装置；4—玻璃压条

（*c*）压力上釉，装玻璃片

1、2—密封件；3—垫块；4—玻璃压条；5—压缩弹簧

转角连接结构（楔形（销钉）角连接等）

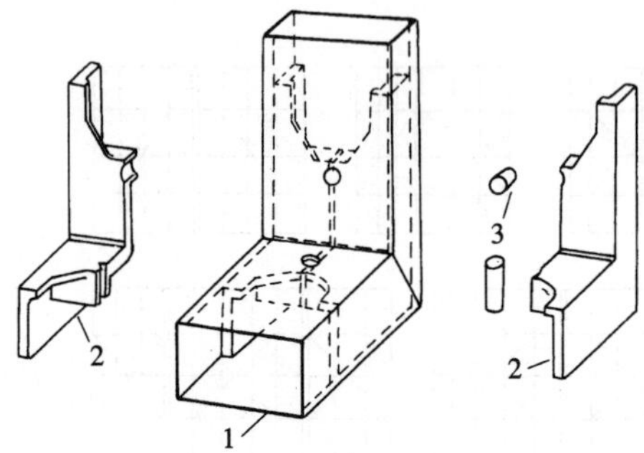

1—空心型

2—分离式角连接

3—楔形角连接

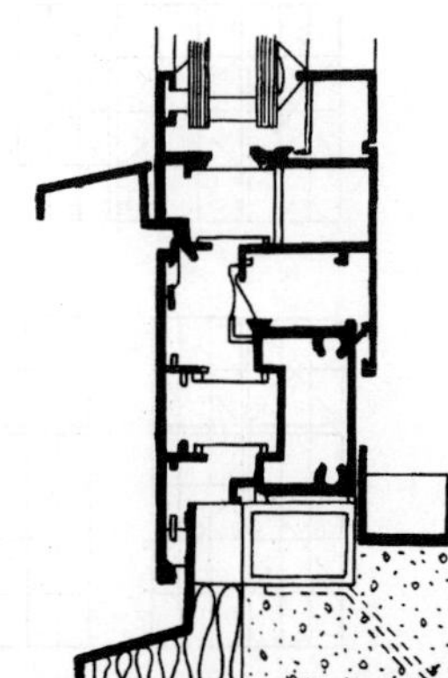

隔热铝（制）窗下部分框区域纵断面图

在惯例中，属“数量多”（复杂）体系中的一种。可连续切断热源。如：在装玻璃区域、在窗扇框、在遮光板以及窗台和压浆边之间。

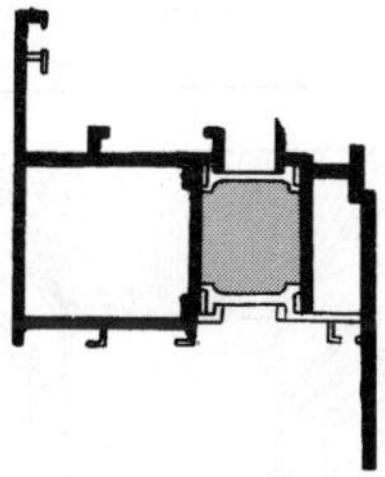

隔热的窗框断面（根据铝制品的铝热原理）

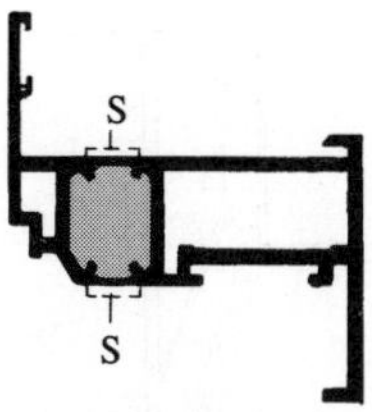

隔热的窗框断面图（设置连接（隔热）板）图中“S”

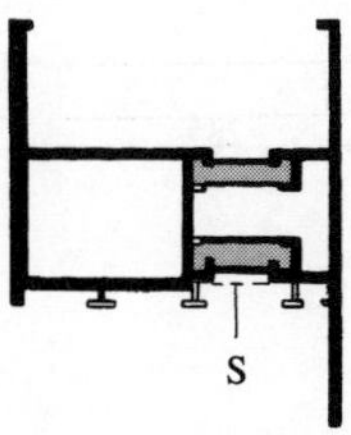

隔热的窗框断面图

在块（框）中，设连接板（S)；隔热板，用高强塑料；连接板，用铝板。

隔热的窗框断面图

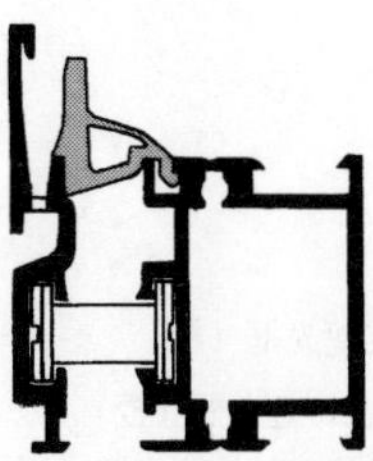

(*a*)

(*a*) 全塑矮窗块（框）型

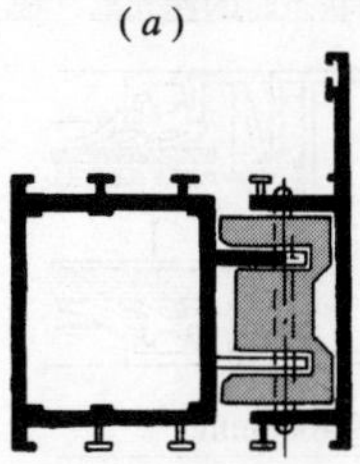

(*b*)

(*b*) 全塑矮窗块（框）变化型

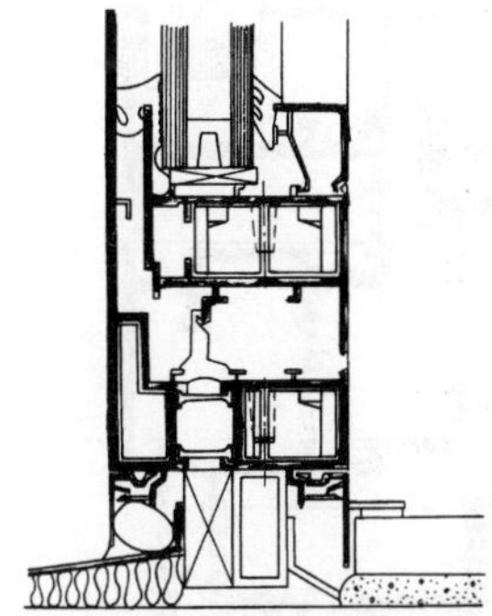

与窗扇连成一体的隔热的窗结构图

在惯例中，属“数目多”（复杂）窗框体系中的一种。单扇（窗）带有切断热源的遮光板（框）结构。

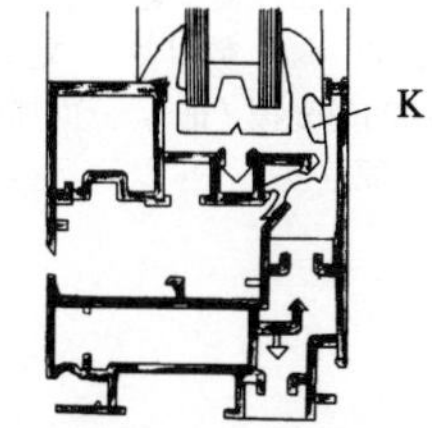

在整体结构中的隔热窗

在窗框槽、中间密封件、外企口密封件等处，用人造橡胶填缝。

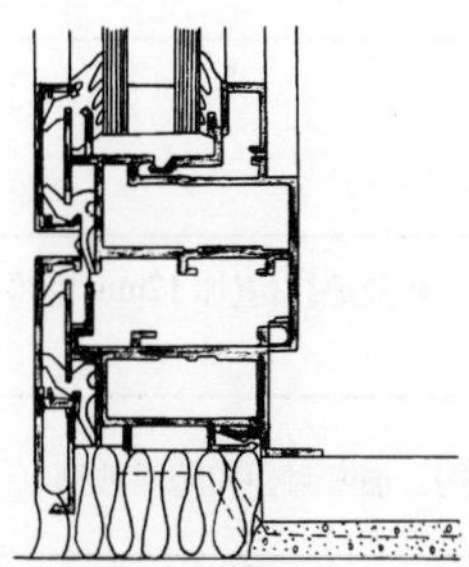

隔热的铝制窗断面图

在玻璃区域向外挑出框型；外遮光板用全塑。

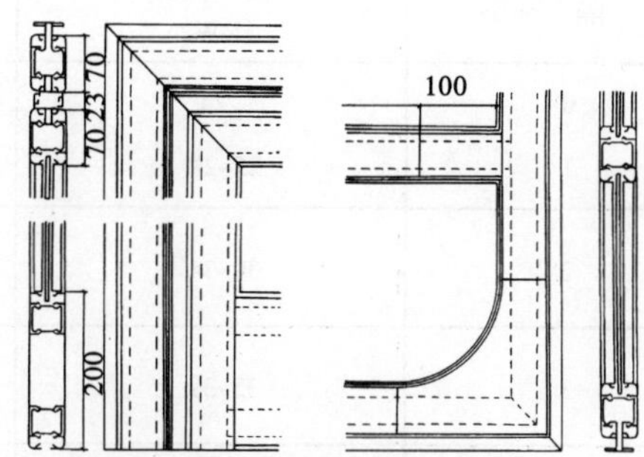

带有圆角隅和圆角的新类型的窗框系统

有钢管芯子的组合结构形式；

在钢管与层面型之间，放入全塑固定架能起到隔热作用。

● 隔声窗（户）

隔声窗户结合在窗扇建造方式之中，在惯例建造方式中，属“数目多”（复杂）的结构形式。隔热的遮光板（框），三面加密封材料，并加绝缘玻璃。

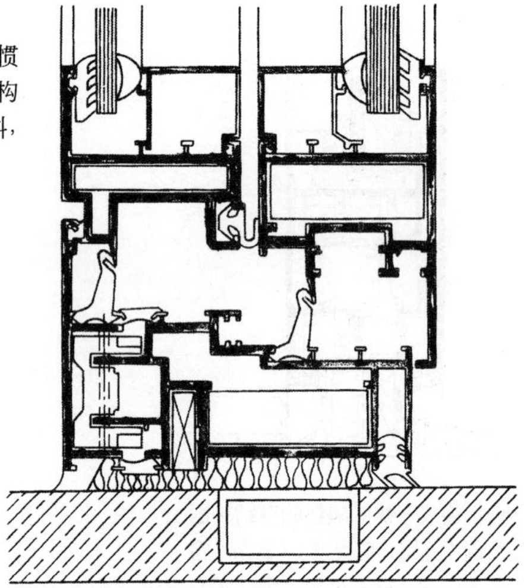

箱形结构窗

高防噪声的箱形结构形式；带有吸声材料的箱形墙体；在窗的上、下部分加通风槽。

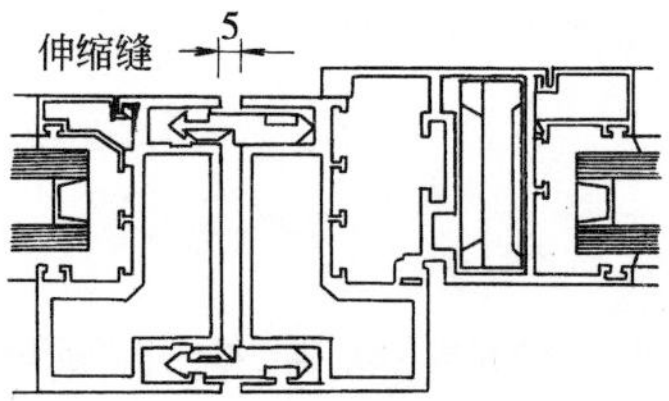

窗边的伸缩缝布置图

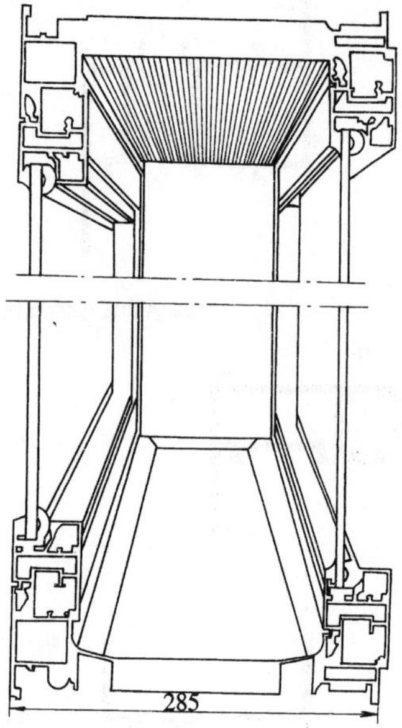

铝窗的隔声等级和消音标准（RW）

隔声等级	消声标准（RW）	铝制窗结构形式
0	≤24	
1	25~29	
2	30~34	全铝制窗和隔热结构(加 12mm 绝缘材料)
3	35~39	窗户结构，加密封件和防声玻璃
4	40~44	特殊窗户结构，加二层玻璃片，多面或三面加密封材料和叠层窗扇结构
5	45~49	不同玻璃面的叠层窗扇结构(80mm 厚)；3 或 4 面加密封材料；箱形窗和双窗户
6	50 以上	箱形窗户和双窗户，不同厚度加叠玻璃片；外加绝缘玻璃；窗扇加多面密封件；在箱形框中，加隔声护面

铝制窗框温度（表面）达 80℃时，有条件限制的温度变化图。

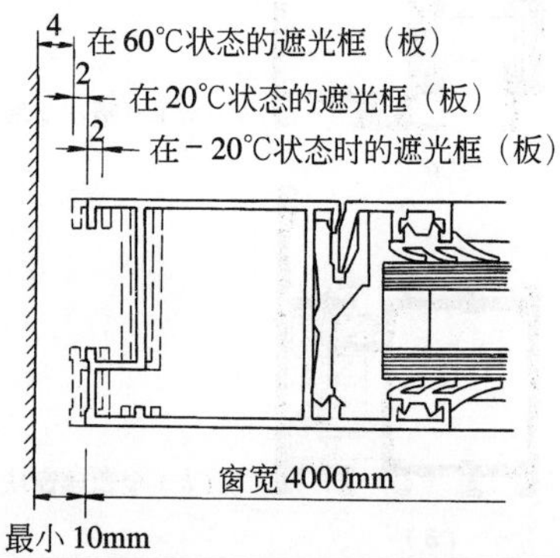

• 窗与墙体联结

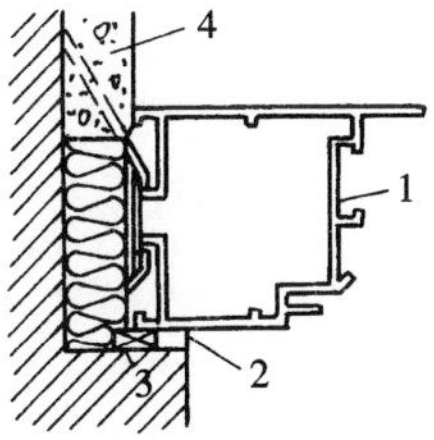

有内接口(一种旋转(或转向)窗扇的遮光框)的墙体连接图示：1 一遮光框；2 一密封件；3 一间隔挡板；4 一内粉刷遮光框与粉刷面之间的接缝，用塑料块来找平。

建　材	热膨胀系数
砖墙结构	5×10^{-6}
钢筋混凝土结构	12×10^{-6}
钢结构	12×10^{-6}
铝结构	24×10^{-6}

• 木 - 铝制窗

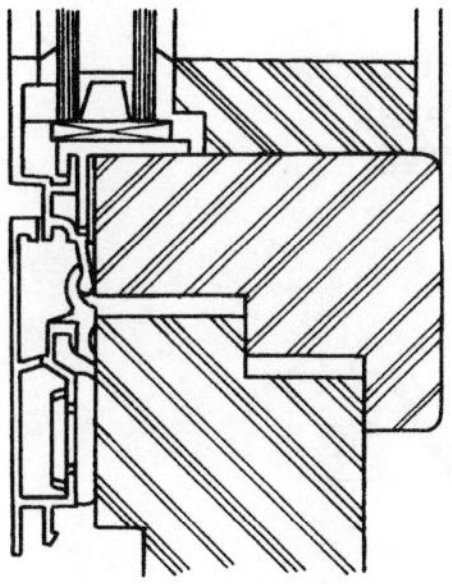

(*a*)

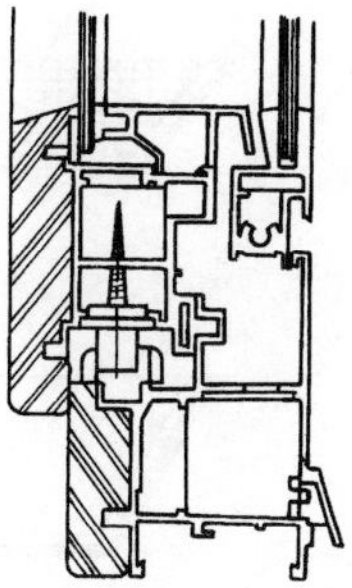

(*b*)

在铝框内侧，加橡木条组合窗扇结构形式的防声窗，加 40mm(间隔)垫圈

• 质量保障

隔热的铝制窗结构

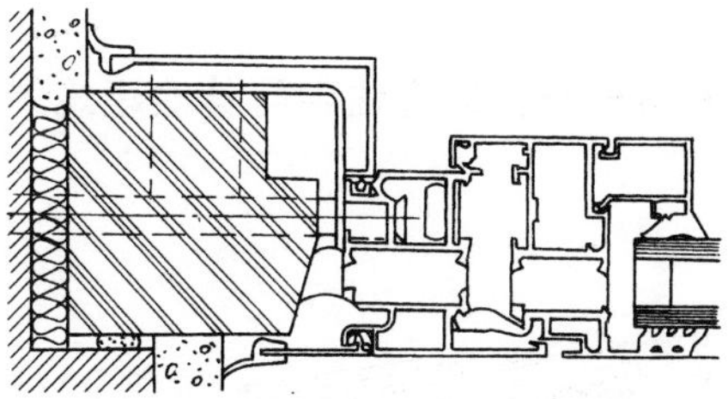

为老建筑改造成现代化建筑的一种推荐形式

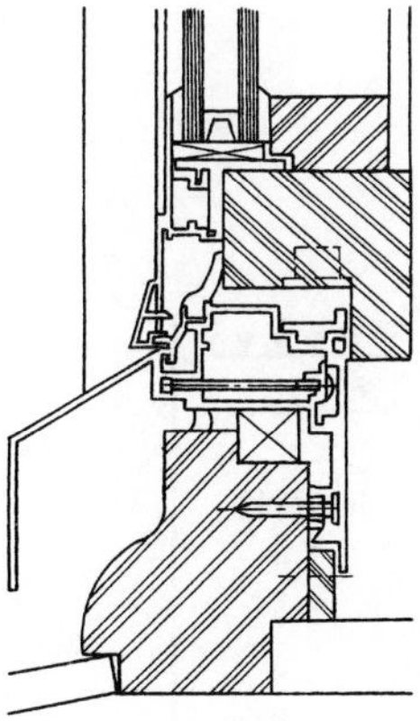

在混合建筑结构中的老建筑改现代化建筑的一种窗框形式

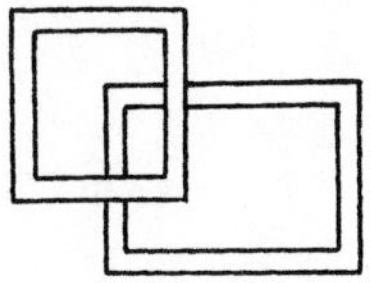

铝制窗（RAL 型）

现代地下层的窗式样

• 第一例：适宜住宅与其他建筑的地下室，钢结构

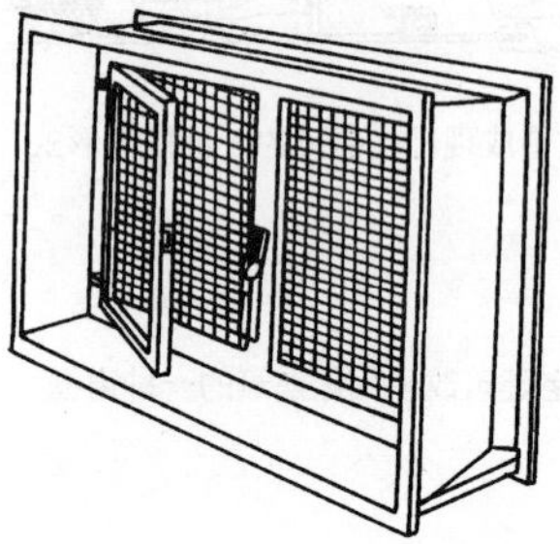

允许负荷（荷载）（kg）

宽 (cm)		深 (cm)	顶点负荷	(跨度)三分点荷载	分布荷载
75	×	24	3.04	6.2	3.4
75	×	30	3.15	6.3	3.5
75	×	36.5	3.85	6.7	4.2
100	×	24	2.00	2.5	3.0
100	×	30	2.20	2.7	3.3
100	×	36.5	2.62	3.0	3.9

注：1kN=100kg

载荷参数是允许荷载，影响极限荷载2倍到2倍以上。

建造尺寸(窗的外框尺寸)(cm)

宽	高	深	旋转窗扇数	每件重量（kg）	按底板的件数
75	50	24	1	29.7	12
75	50	30	1	33.6	10
75	50	36.5	1	40.0	8
100	50	24	2	36.8	12
100	50	30	2	40.7	10
100	50	36.5	2	48.7	8
100	62.5	24	2	41.5	12
100	62.5	30	2	47.7	10
100	62.5	36.5	2	54.7	8
100	75	24	2	48.0	6
100	75	30	2	52.9	5
100	75	36.5	2	61.5	4

采光（网）栅（属采光井系列）

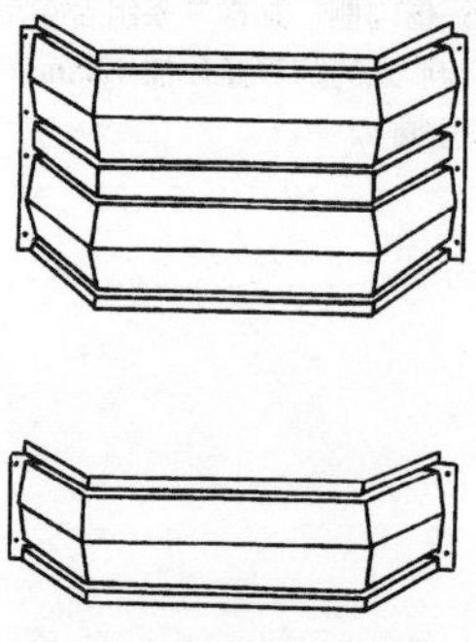

高60cm和30cm两种

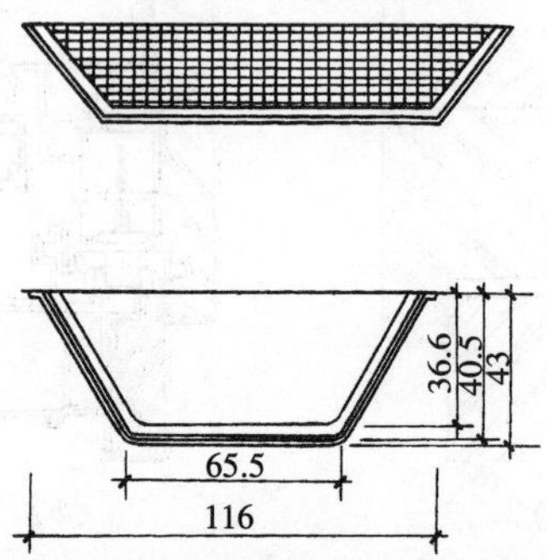

带边缘防护的（泄水孔）格栅盖板

• 第二例：混凝土地下层窗式样，适合住宅与其他建筑的地下窗(格)

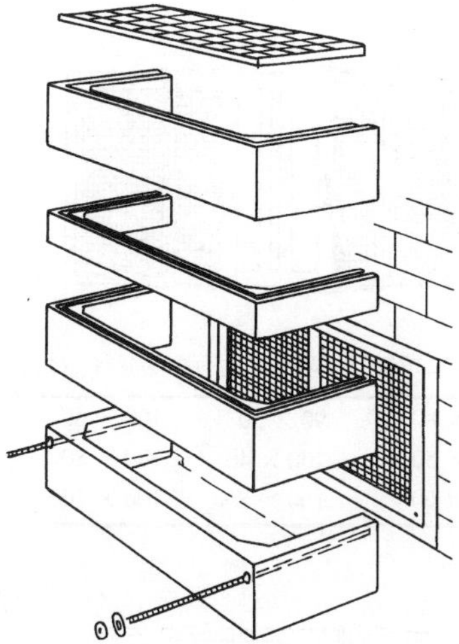

箱形结构体系（模数化）的钢筋混凝土预制构件和格栅

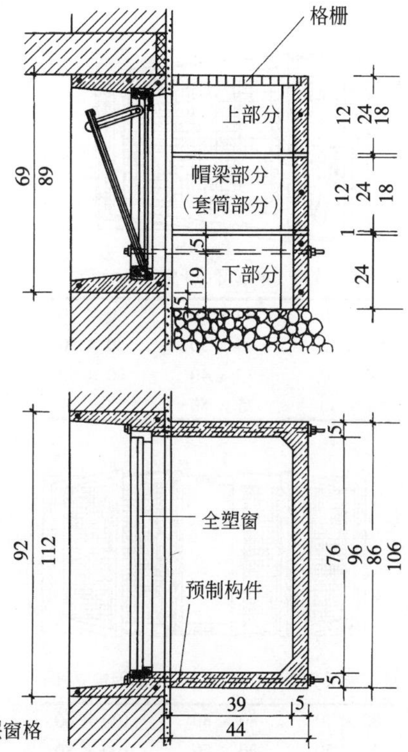

带全塑扇的混凝土地下层窗格

窗 墙	尺寸，参考尺寸 (cm)		墙厚时的重量 (kg)		
	外尺寸	内尺寸	25cm	30cm	36.5cm
60 × 40	74 × 49*	56 × 37.5	65	75	85
80 × 50	92 × 59	76 × 47.5	65	110	125
100 × 50	112 × 59	96 × 47.5	105	125	145
90 × 60	99 × 74*	90 × 59	80	90	
100 × 80	112 × 89	96 × 77.5	140	165	185

注：尺寸：cm

* 在墙体(污工)体系中，安置格栅的适宜尺寸为25cm。

地下采光井用钢筋混凝土结构，参考尺寸：外尺寸：66cm × 44cm、86cm × 44cm、106cm × 44cm;高度24cm；格栅高度12cm、18cm、24cm。

• 第三例：适合所有建筑的窗式样，钢筋混凝土结构、钢制构件

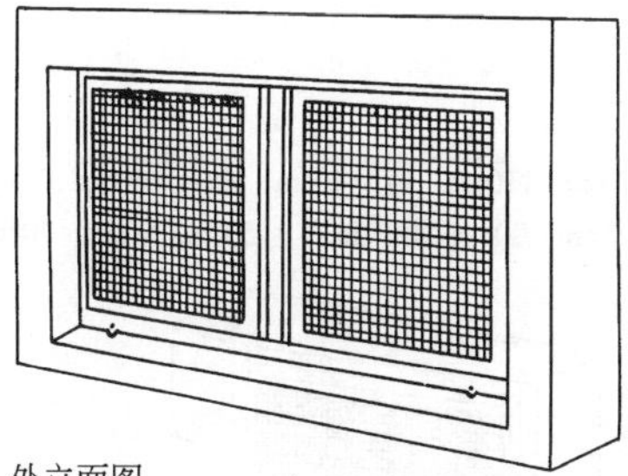

外立面图

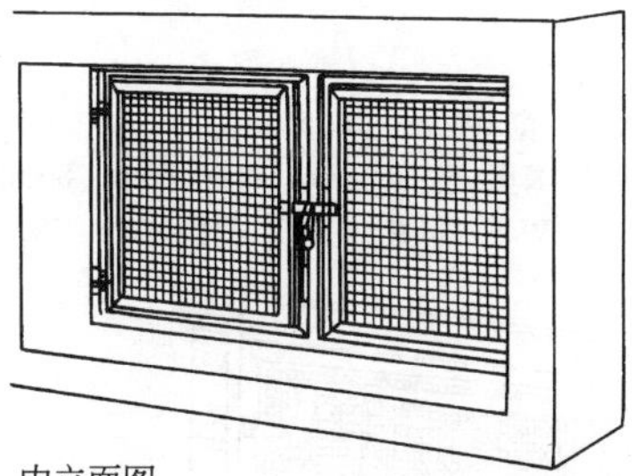

内立面图

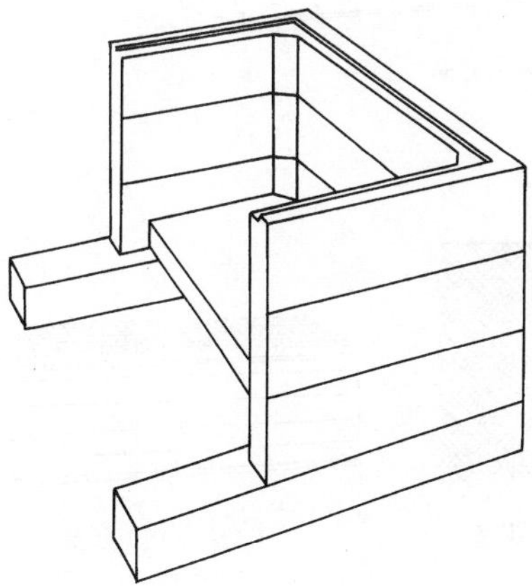

带悬臂梁的一个单元的采光井（窗）

参考尺寸(cm)

内尺寸	外尺寸
75 × 50	90 × 68
100 × 50	115 × 68
60 × 50	75 × 68
90 × 50	105 × 68
100 × 50	117 × 98

推荐尺寸：60cm × 50cm、90cm × 50cm、100cm × 80cm；墙体厚度为24cm、30cm、36cm

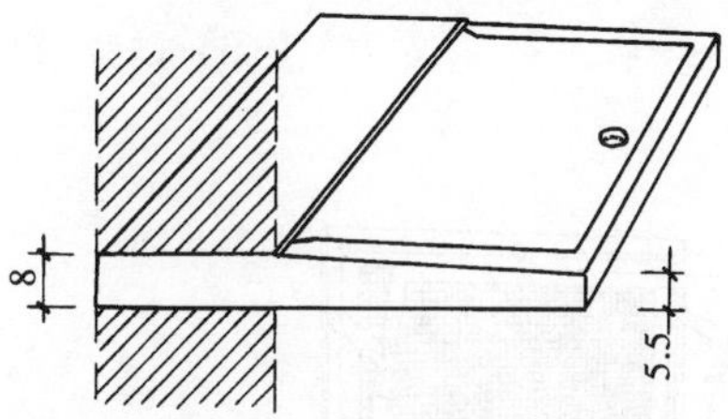

有进出口悬臂板，采光井（窗）尺寸适当调整，为60cm × 40cm、75cm × 40cm、90cm × 40cm、100cm × 40cm

采光井（窗）高15cm(下部分);格栅高（上部分）不限。

• 第四例：适宜所有建筑，全塑地下窗

推荐尺寸：宽 100cm，高 35cm

参考尺寸：K型：宽为50cm、60cm、70cm、80cm、90cm、120cm，高为40cm、50cm、60cm、70cm;

W型（带聚(合)酯）：宽为60cm、70cm、80cm、90cm、100cm,高为50cm、60cm、70cm。

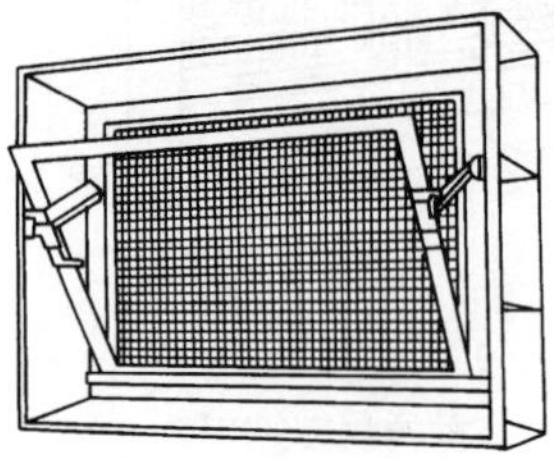
K型内形（开启部分）

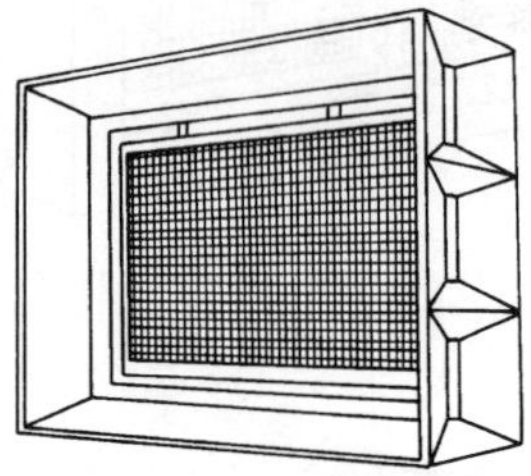
K型外形

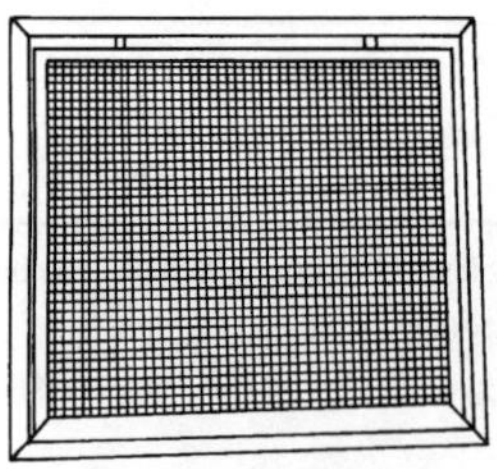
W型外形

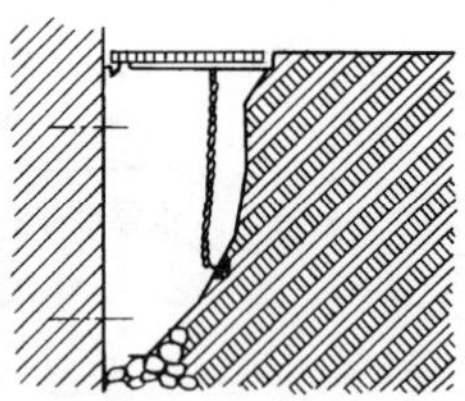
安全链和夹紧（钩）装置

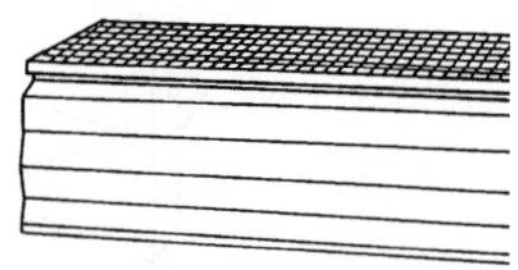
采光井（窗）顶盖

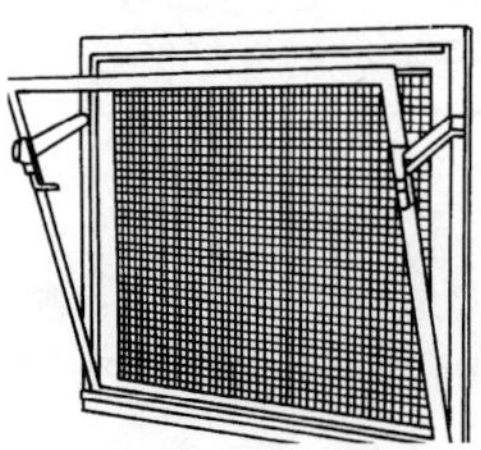
W型内形（开启部分）

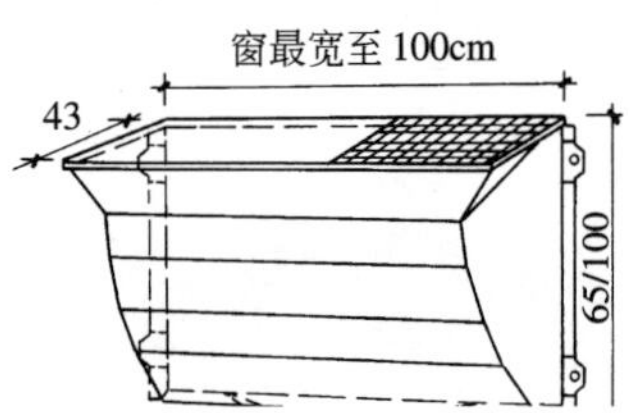

采光井（窗）

• 第五例：适宜所有建筑地下层，列表为标准尺寸，根据需要尺寸可以变化

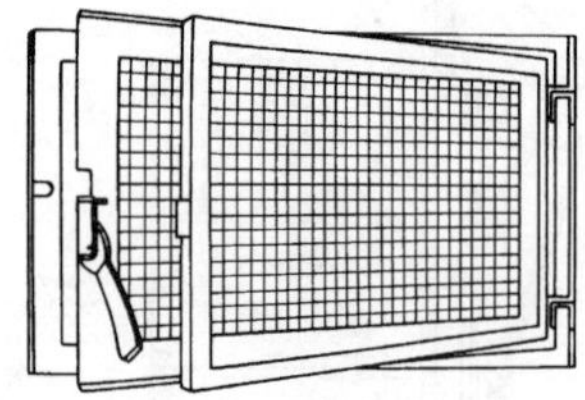
地下层采光窗（单扇窗，开启）(cm)

40 × 40	60 × 40	80 × 40
50 × 40	60 × 50	80 × 50
50 × 50	70 × 40	80 × 60
60 × 30	75 × 50	

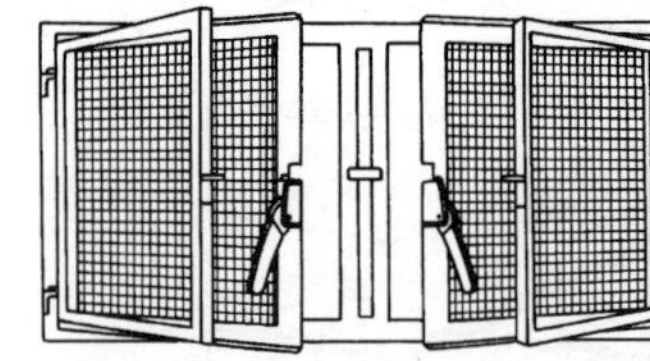
地下层采光窗（双扇窗，中间有固定立杆）(cm)

80 × 80	90 × 50	100 × 60
80 × 50	100 × 40	100 × 80
80 × 60	100 × 50	100 × 100

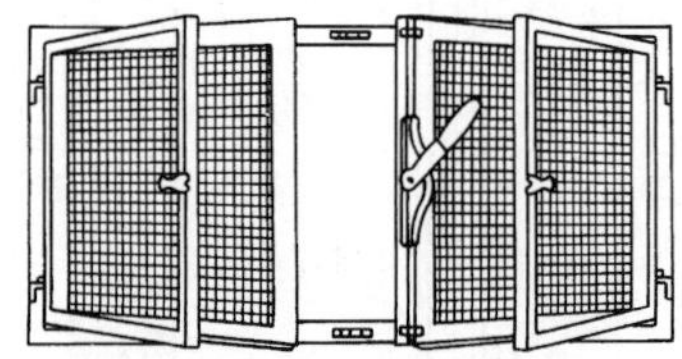
地下层采光窗（双扇窗，无中间固定立杆）

80 × 40	80 × 80	100 × 60
80 × 50	90 × 50	100 × 80
80 × 60	100 × 50	100 × 100

根据需要，尺寸可以变化 (cm)

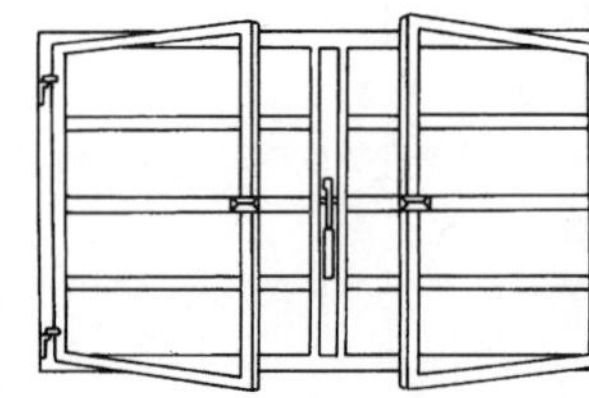
洗衣房窗（双扇窗，有中间固定立杆）和固定式的条状格栅

80 × 60	100 × 50	100 × 60
80 × 80	100 × 60	100 × 100

典型标准尺寸作为采光的原尺寸，宽×高（cm × cm）

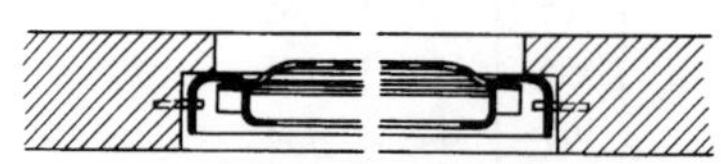
内槽口（企口缝），工厂预制，仍可根据采光（厚）尺寸而有所变化。宽 30mm，高 10mm

两墙间的槽口，工厂预制，允许尺寸公差因素，视采光窗原尺寸而有所变化。宽 10mm，高 10mm

• 第六例：适合所有建筑的地下层

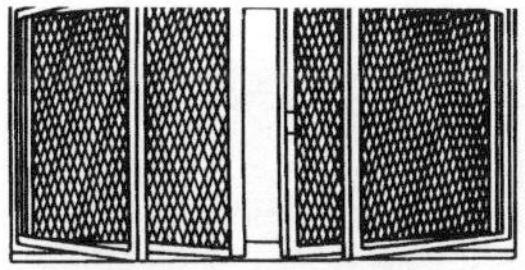

D 型和 DC 型(密集孔格栅，双扇窗无中间固定立杆(柱))
50cm×40cm，100cm×100cm

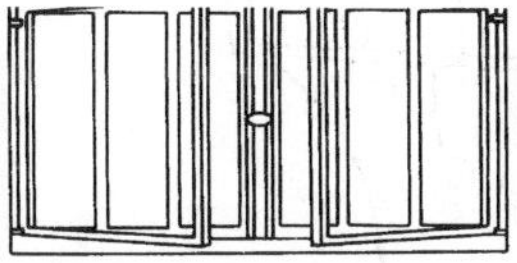

WD 型和 WDC 型(带垂直构杆的双扇窗)
80cm×60cm，80cm×60cmcm，100cm×60cm，100cm×80cm，100cm × 100cm

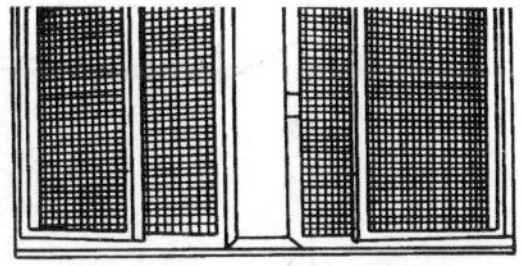

DL 型和 DLC 型(穿孔(方格)格栅，双扇窗，无中间固定立杆(柱))
50cm × 40cm，100cm × 100cm

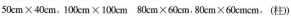

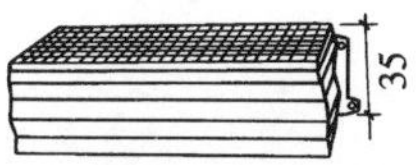

采光井(窗)的顶盖(帽梁)

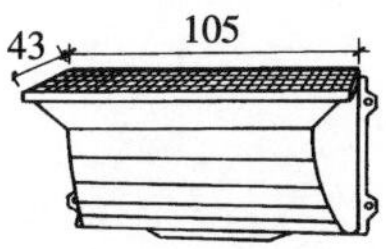

采光井(窗)的高度 65cm

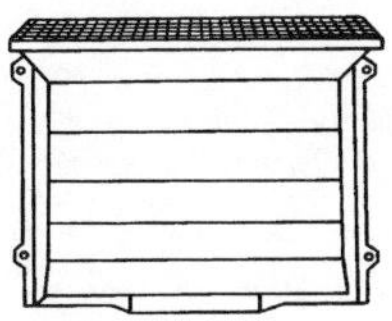

采光窗的高度 100cm

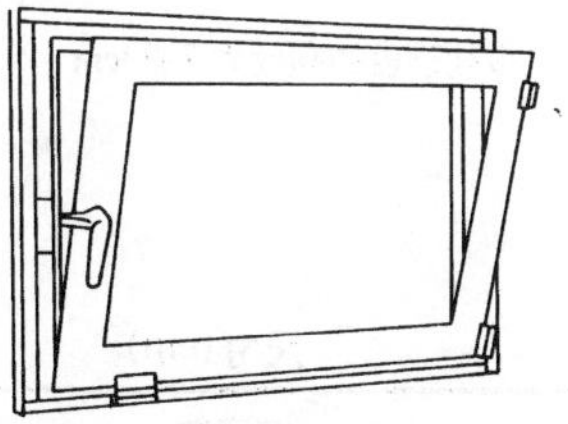

SF 型，工作室顶部明窗，无格栅。
带有旋转（倾斜）护板的塑钢窗。厚玻璃或绝缘玻璃至 14mm 厚

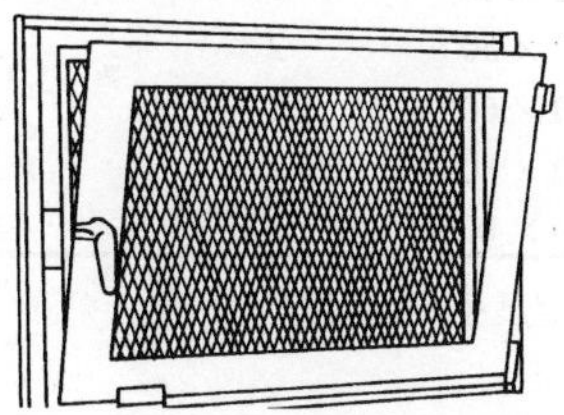

SF 型，顶部有墙体保护格栅的窗式样

注：补充：外窗的窗台厚度为 15cm
　　应用：地下窗宽度 100cm、105cm；高度 65cm、100cm；深度 43cm

• 第七例：适合所有地下层，地下层窗宽，推荐尺寸至 100cm，竖窗部高 60cm 和 100cm，顶盖高 7~33cm，最高尺寸：高 100cm 和 150cm，宽 152cm

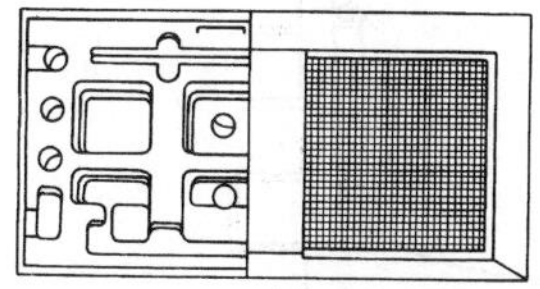

聚苯乙烯窗(新的隔热材料)，窗与混凝土分离式连接（合）

旋转开启窗扇（双扇窗）

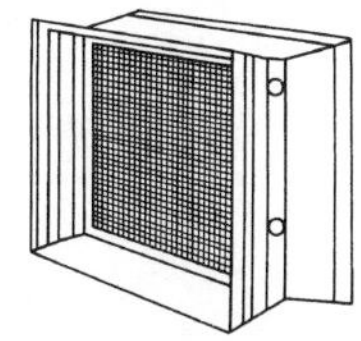

玻璃纤维混凝土框内的窗户

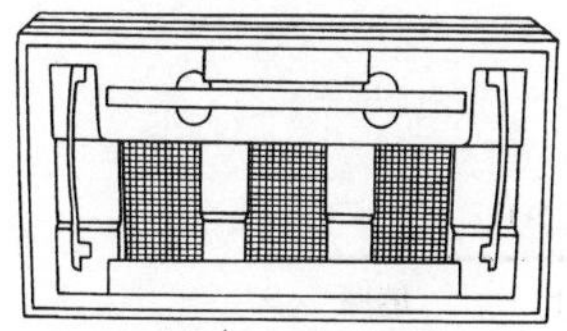

S2000 型聚苯乙烯窗（老的隔热材料），窗在整体浇筑之中

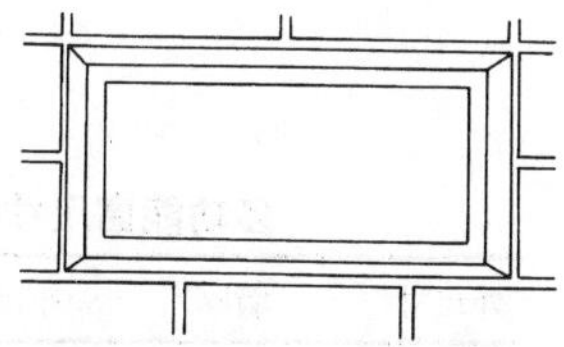

玻璃纤维混凝土框内的多用途窗户

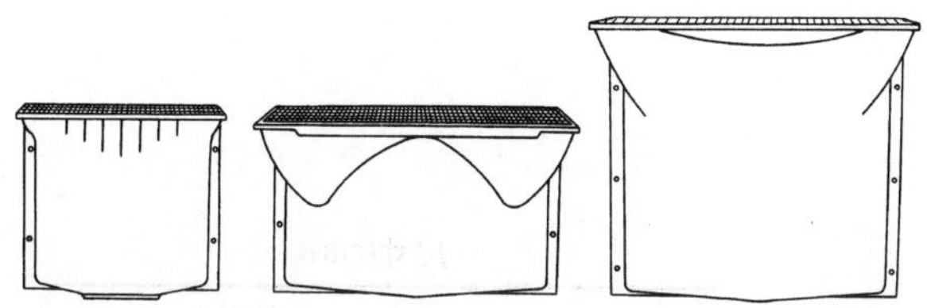

最大采光井（窗）与标准典型采光井（窗）有关，宽 102cm（最宽 152cm），高 100~150cm

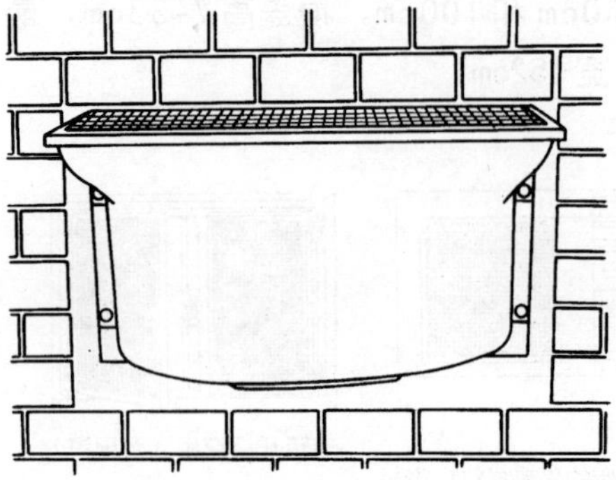

矮采光井（窗）高为60cm

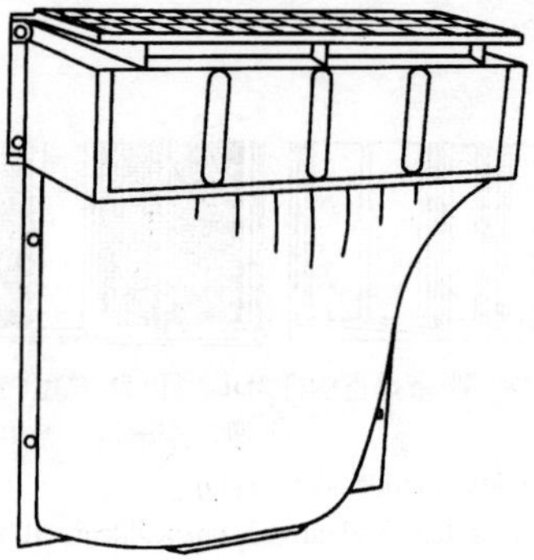

多孔顶盖的高度为7~33cm

多功能窗尺寸(cm)

外尺寸	墙厚	外尺寸	墙厚
75 × 50	20/24	100 × 50	30/36.5
75 × 50	30/36.5	100 × 75	24
100 × 50	20/24	100 × 75	30/36.5

尺寸(cm)

外尺寸	窗扇数	墙厚
80 × 40	1	20/25/30/35
80 × 50*	1	20/25/30/35
80 × 60	1	20/25/30/35
100 × 50	2	20/25/30/35
100 × 60*	2	20/25/30/35
100 × 80	2	20/25/30/35
100 × 80 W	2	20/25/30/35

*确定尺寸，但墙厚可变

尺寸(cm)

尺寸	墙厚
75 × 50	20/25/30/36.5
100 × 50	20/25/30/36.5
100 × 75	20/25/30/36.5
100 × 75W	20/25/30/36.5

尺寸(cm)

外尺寸	墙厚	外尺寸	墙厚
75 × 50	20/24	100 × 75	24
75 × 50	30/36.5	100 × 75	30/36.5
100 × 50	20/24	100 × 75 W	24
100 × 50	30/36.5	100 × 75 W	30/36.5

W= 洗衣房窗（但有旋转（倾斜）窗扇）

廊墙窗和花墙上的漏窗式样

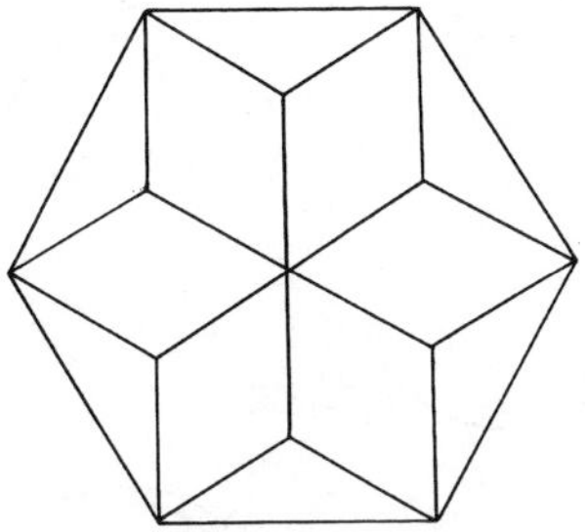

六方嵌祇子式

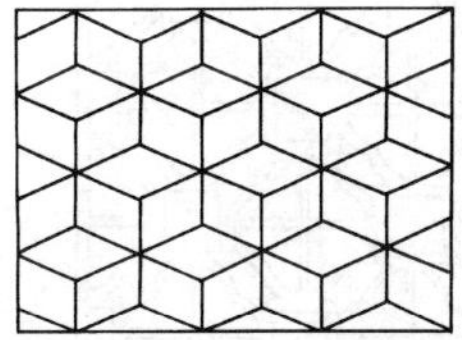

菱花式

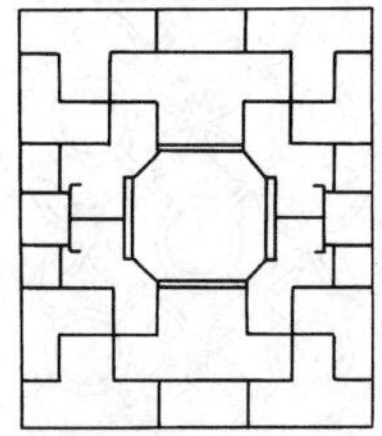

宫式万字

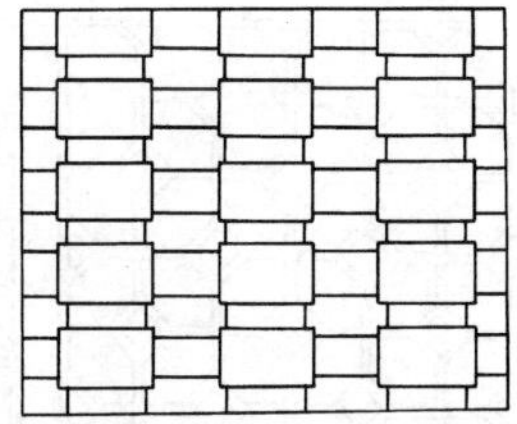

席锦式

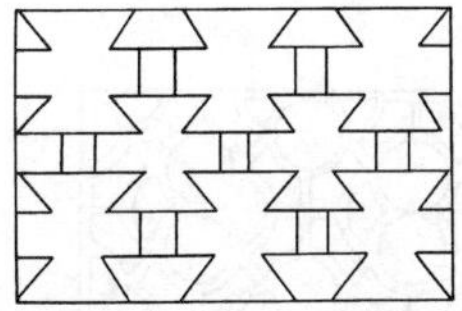

锭胜式

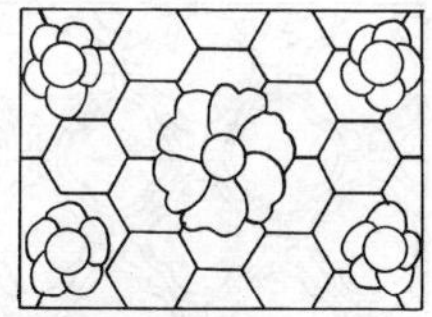

六角梅花式

海棠芝花式

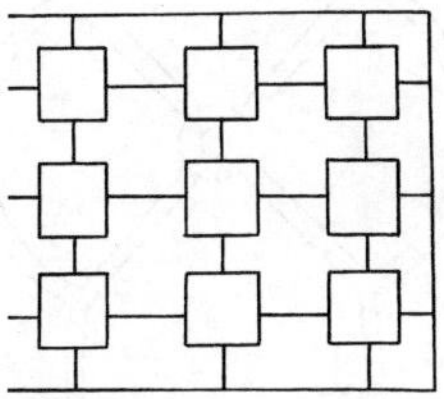

四方间十字形

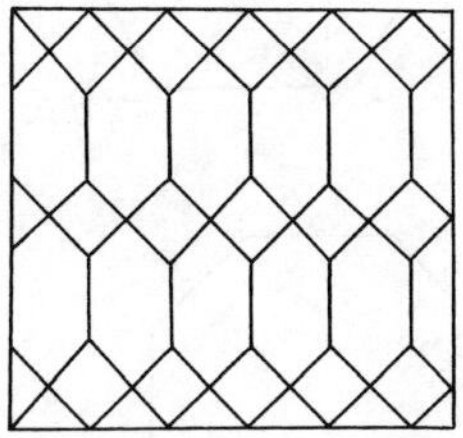

套六方式

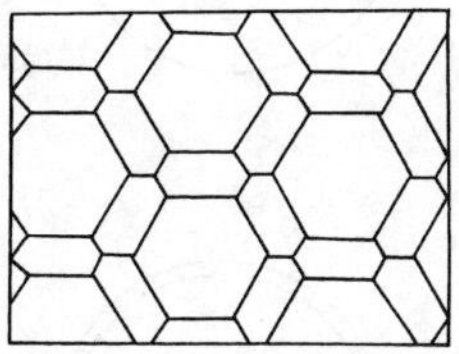

攒六方式

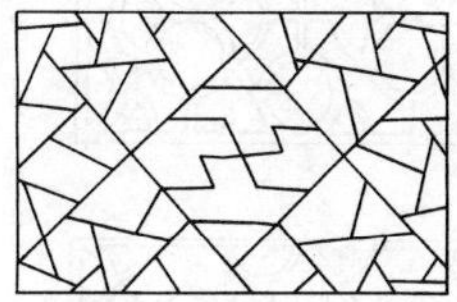

冰纹式

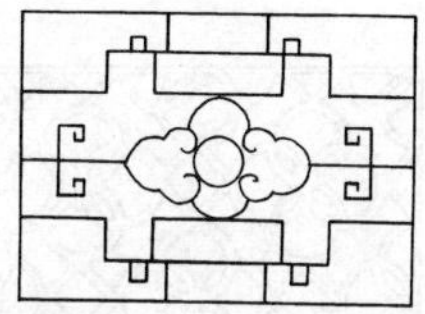

夔式

万穿海棠式

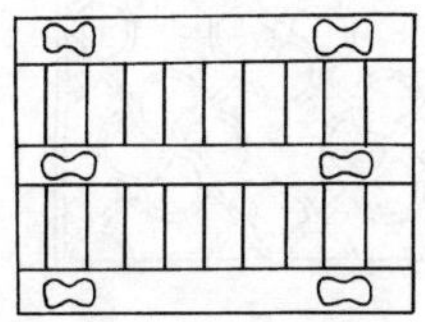

书条式

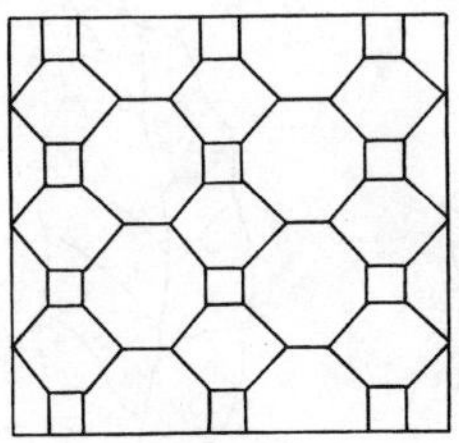

八方间六方式

竹节式

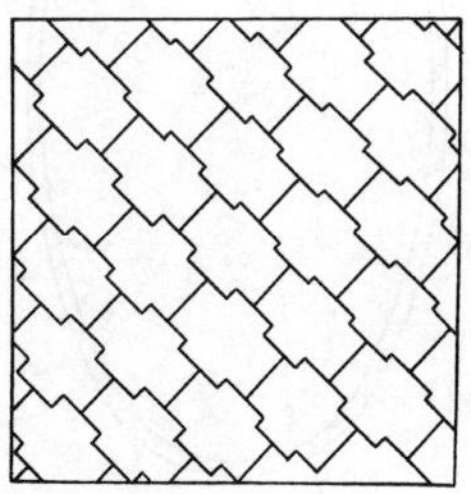

纵环式

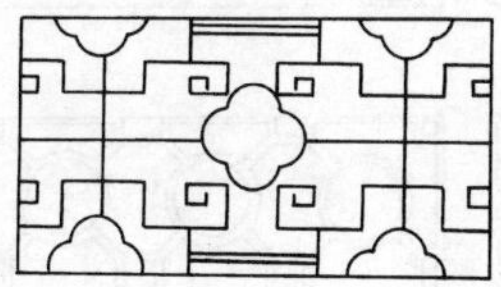

夔式穿海棠

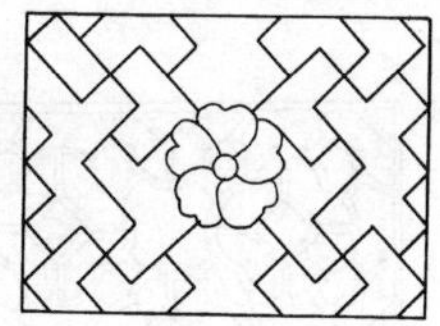

万字式

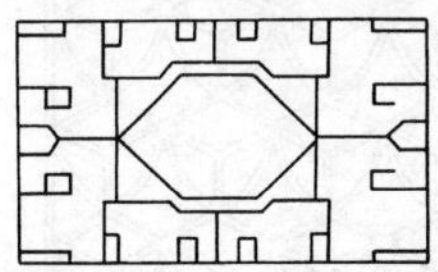

夔式

花墙上的漏窗式样

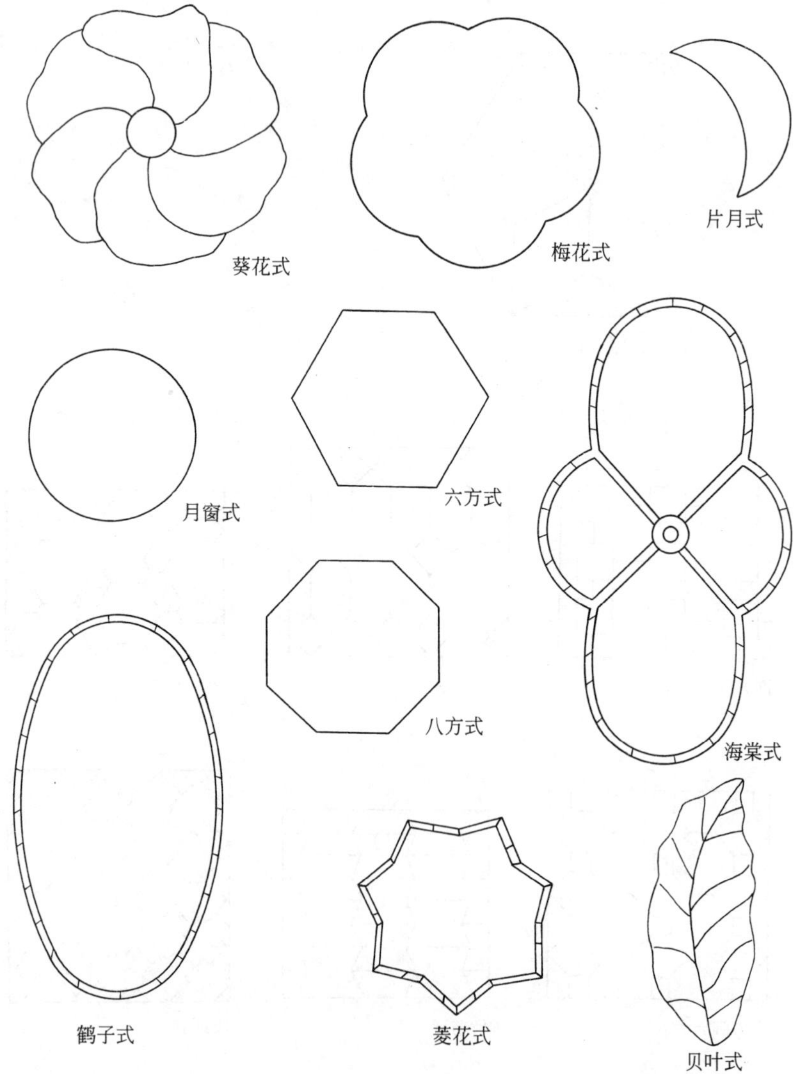

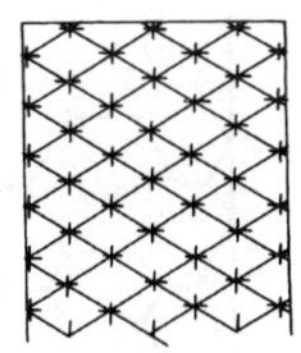

菱蜻蜓组

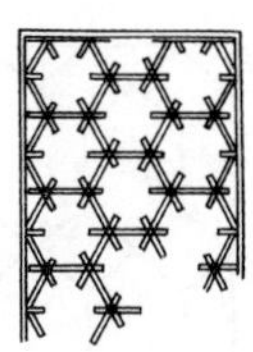

角龟甲

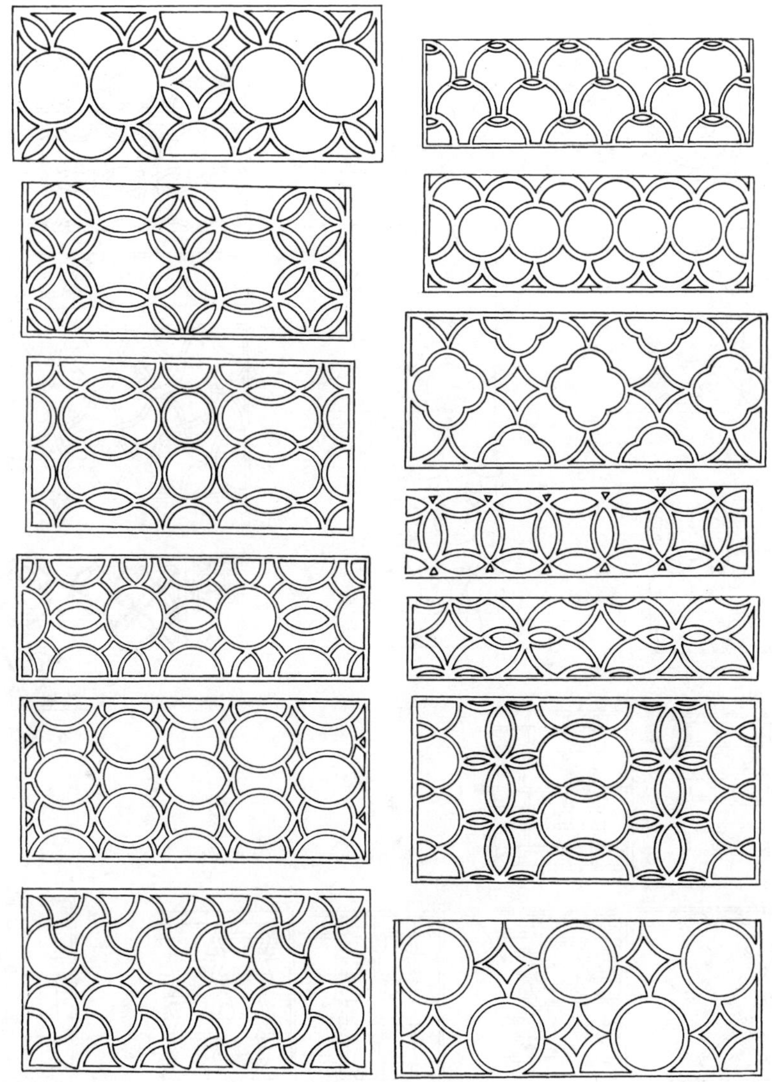

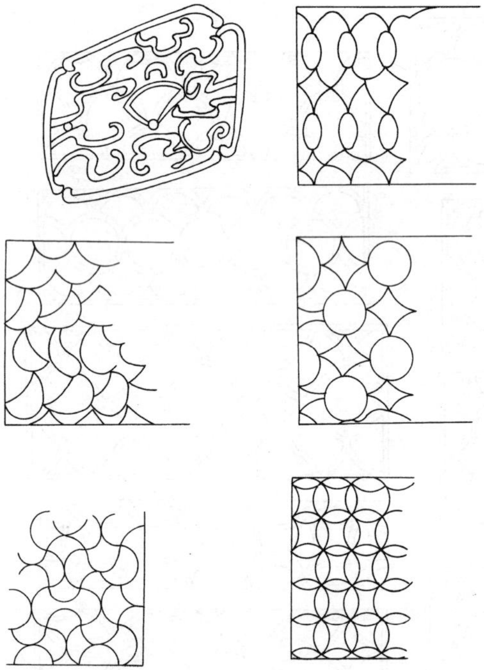

吉祥草花饰

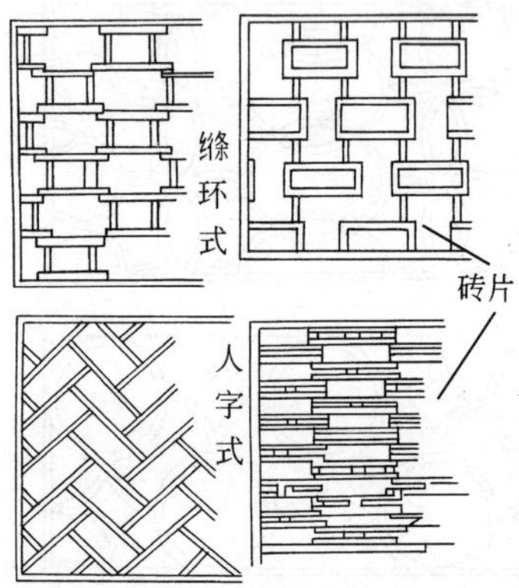

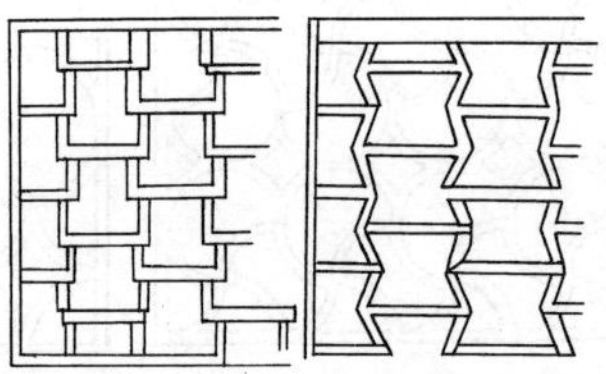

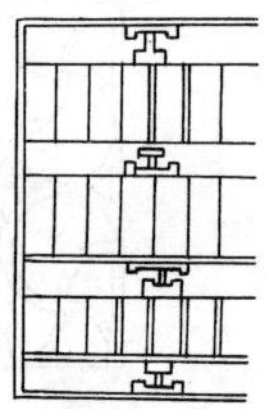

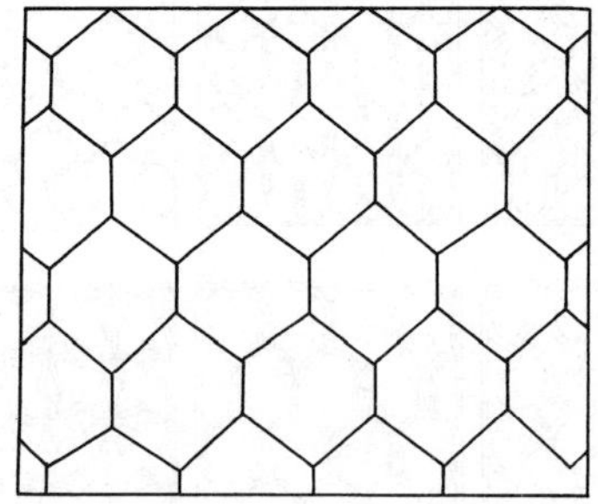

六方式

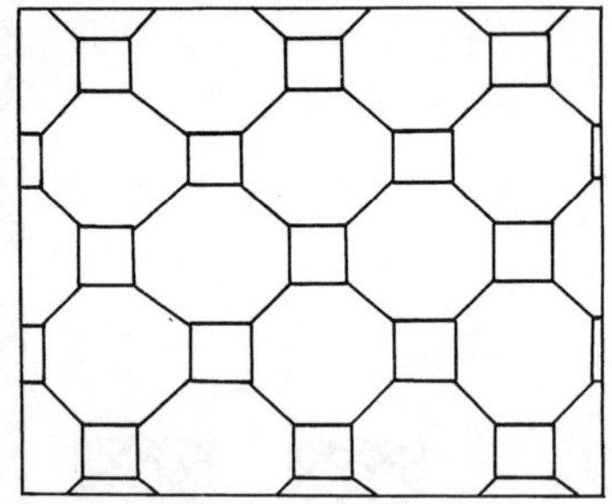

八方式

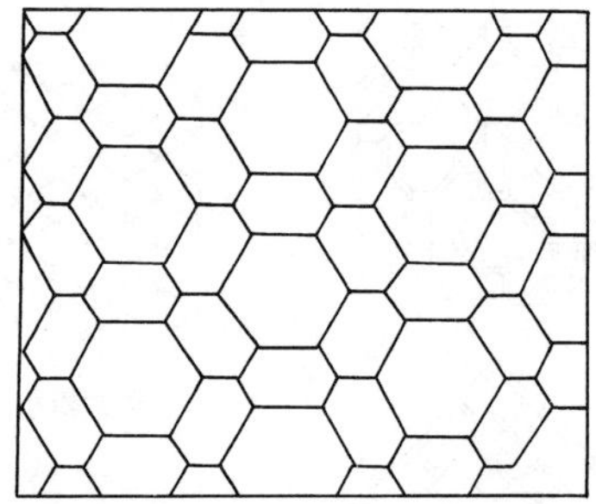

攒六方式

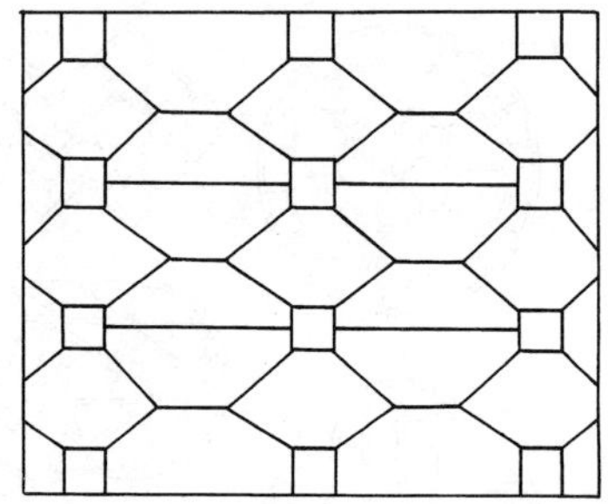

八方间六方式

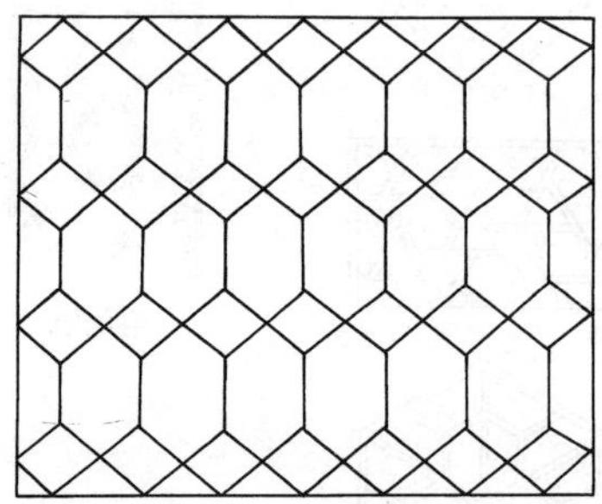

套六方式

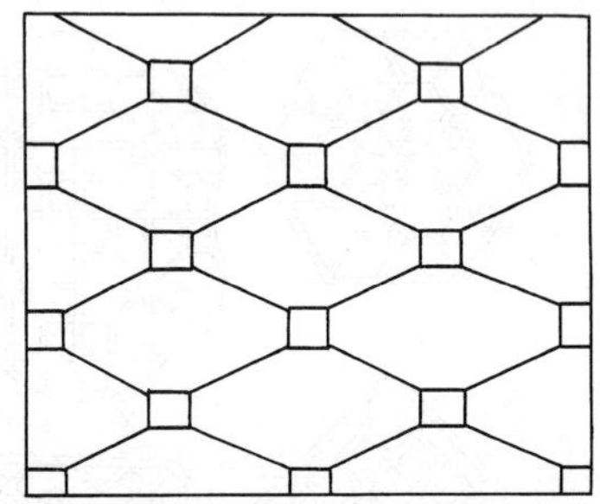

长八方式

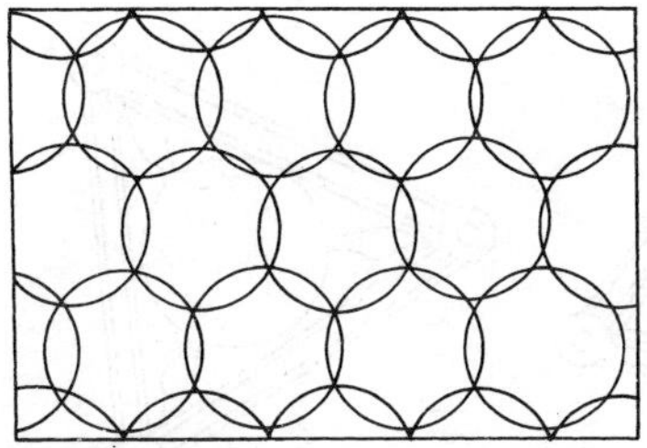

毯门式

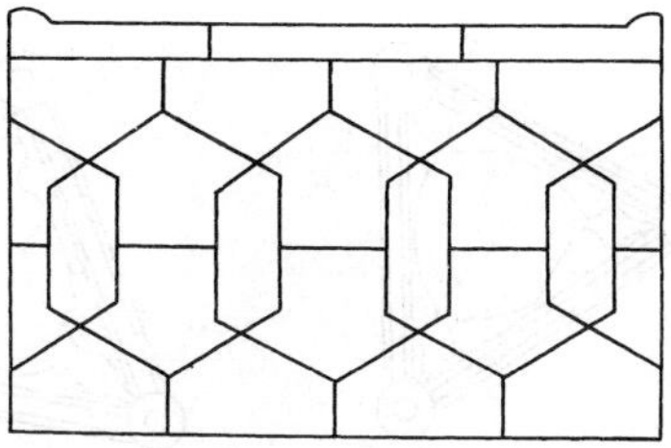

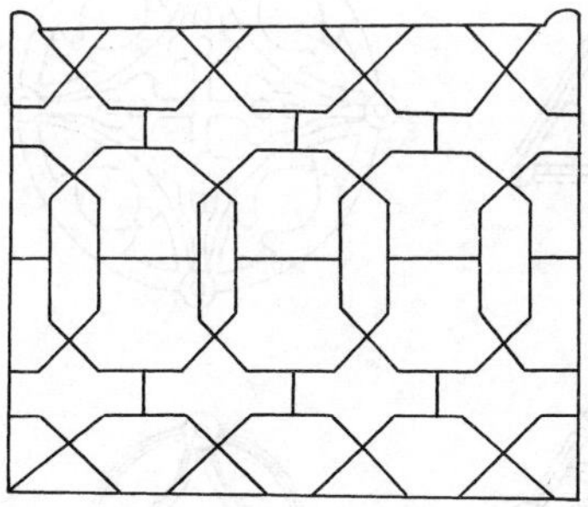

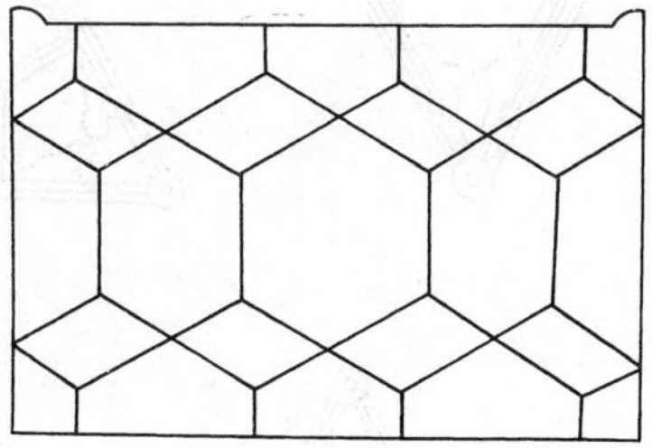

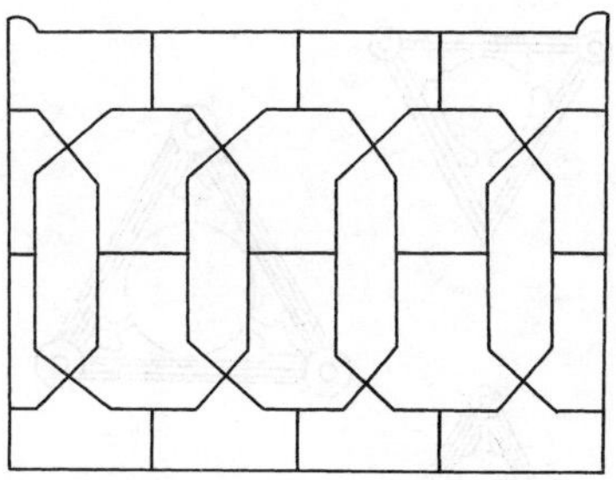

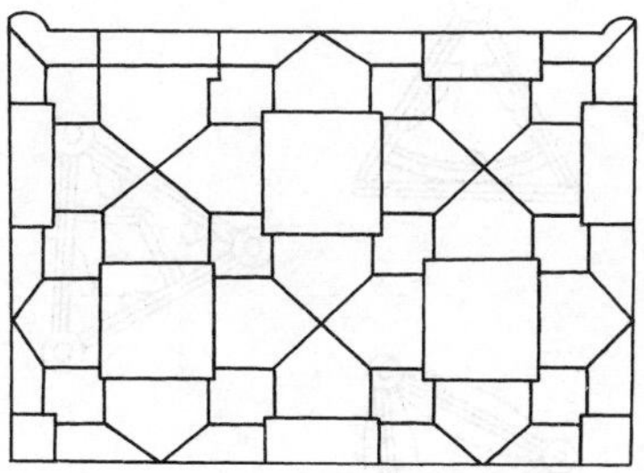

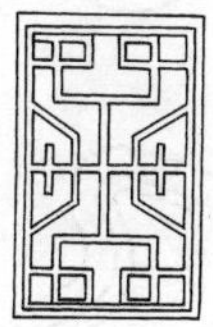

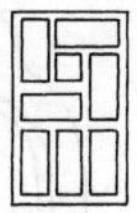

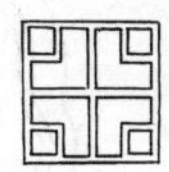

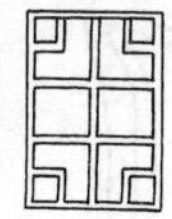

建筑边缘纹样的漏窗式样

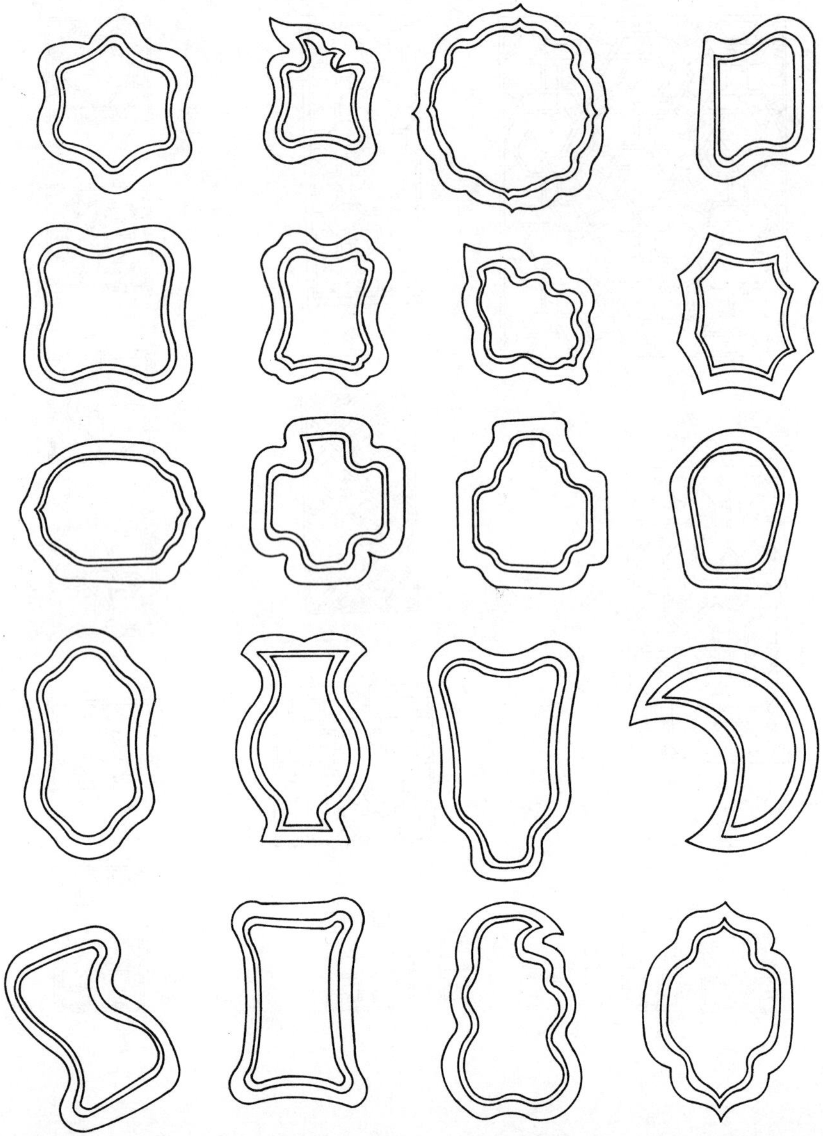

菱花窗

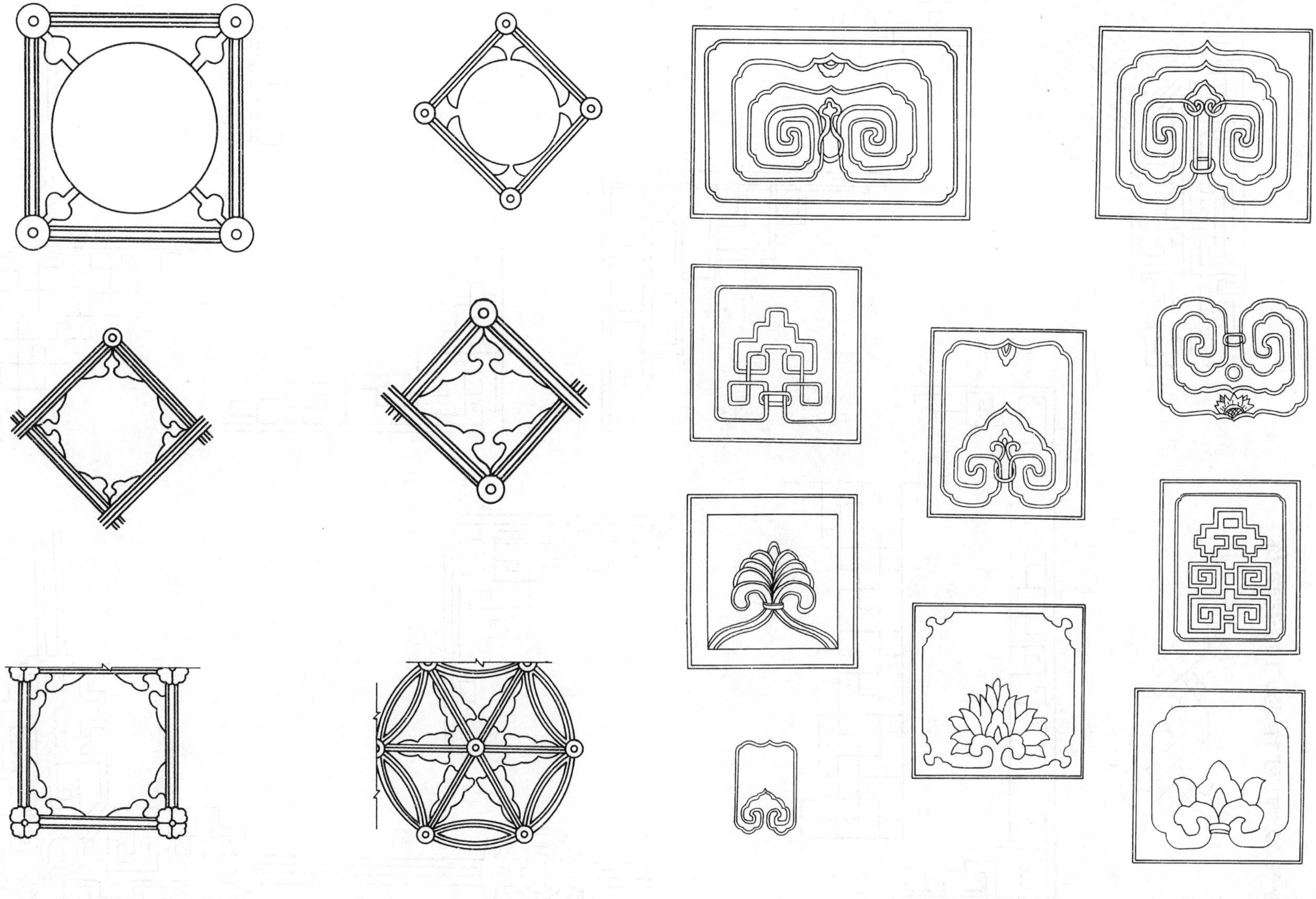

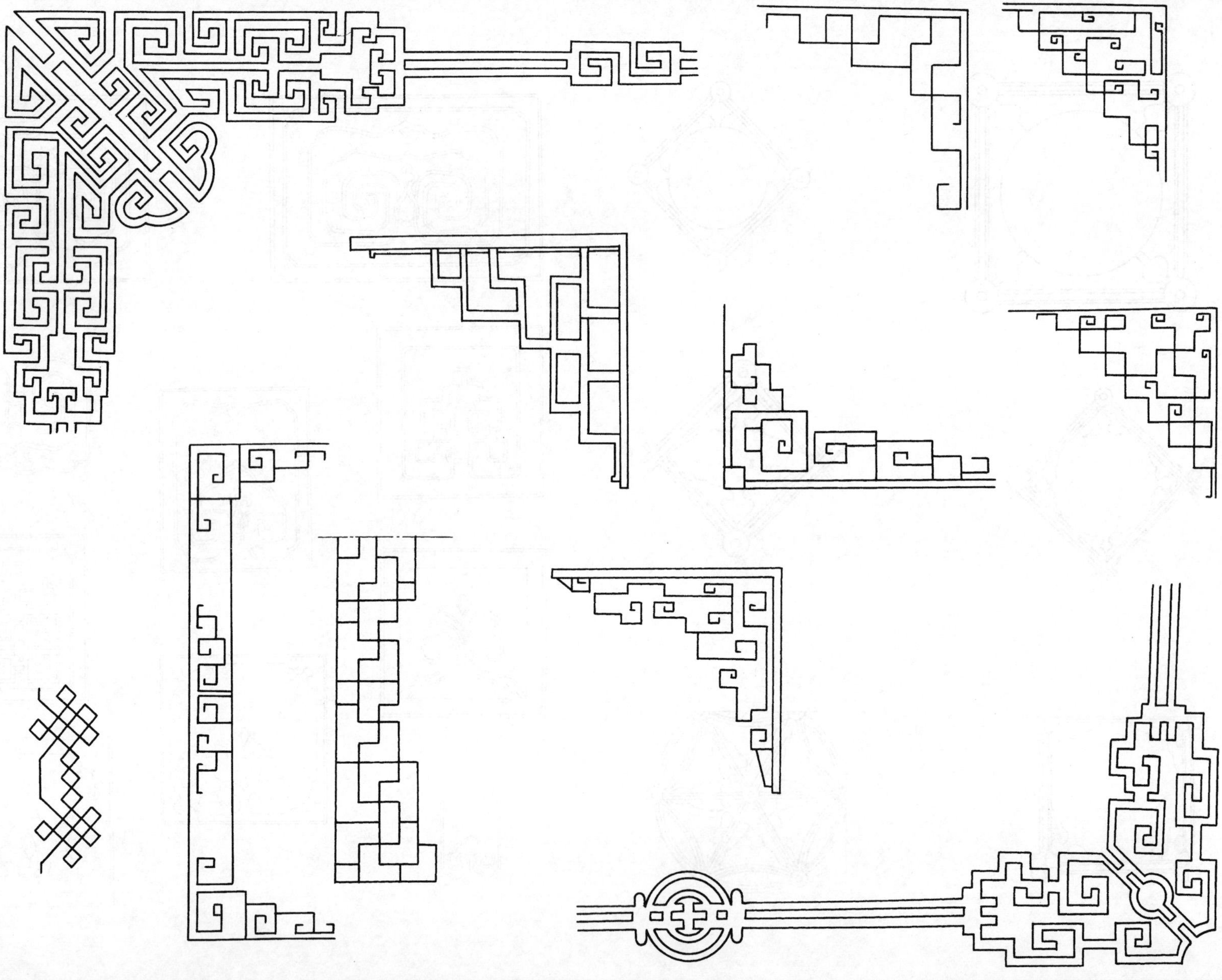

窗花边饰(可作为门的花边饰)

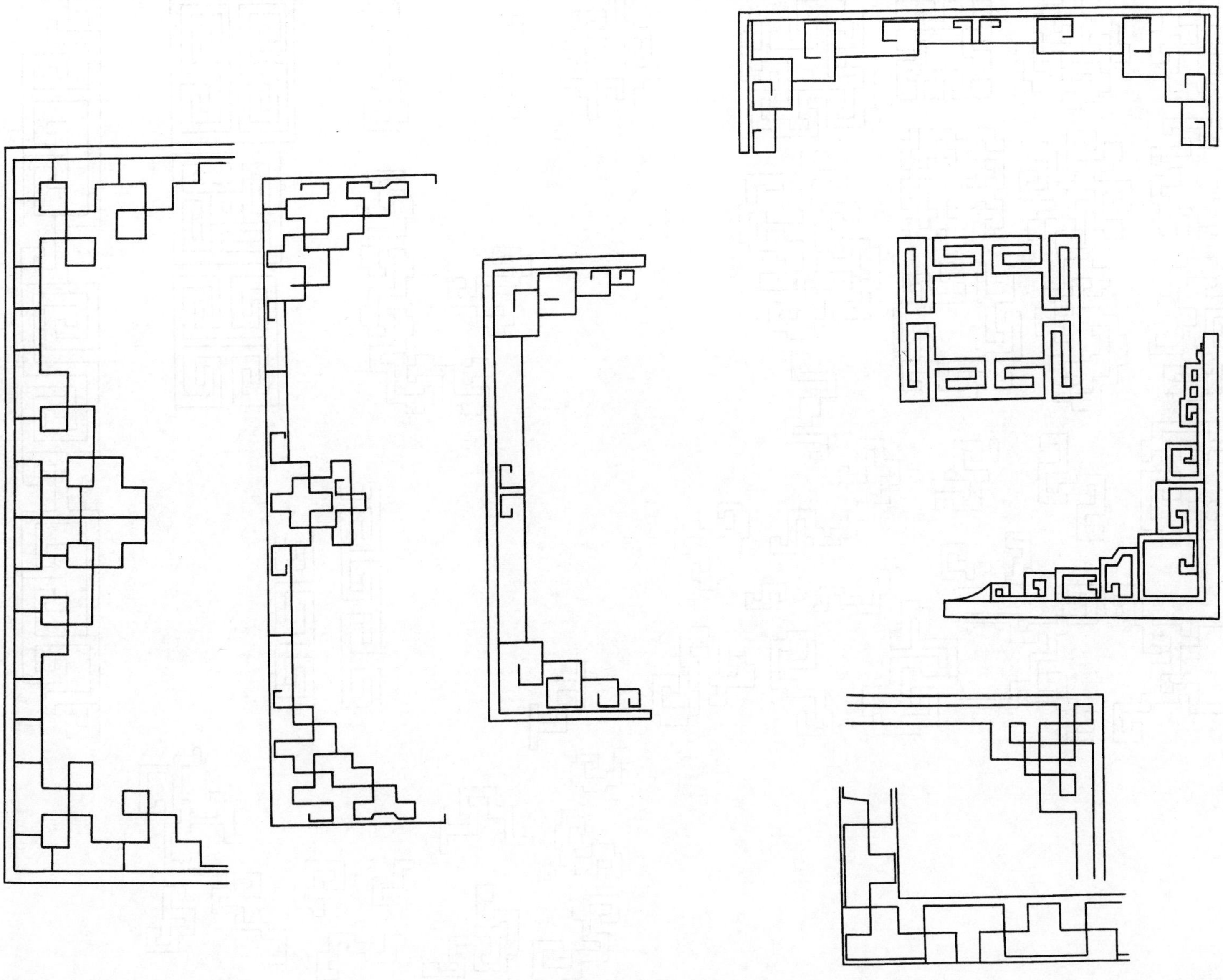

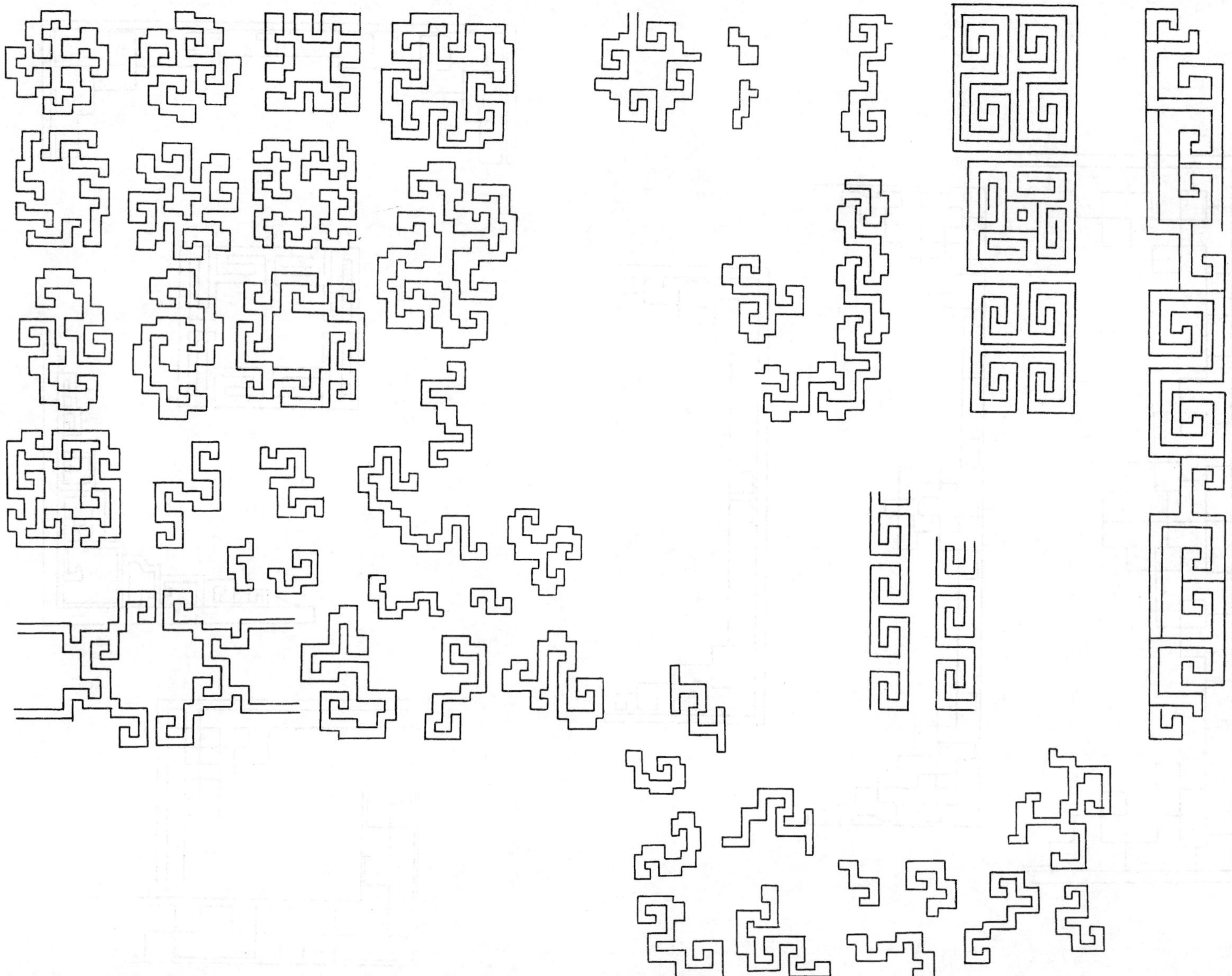

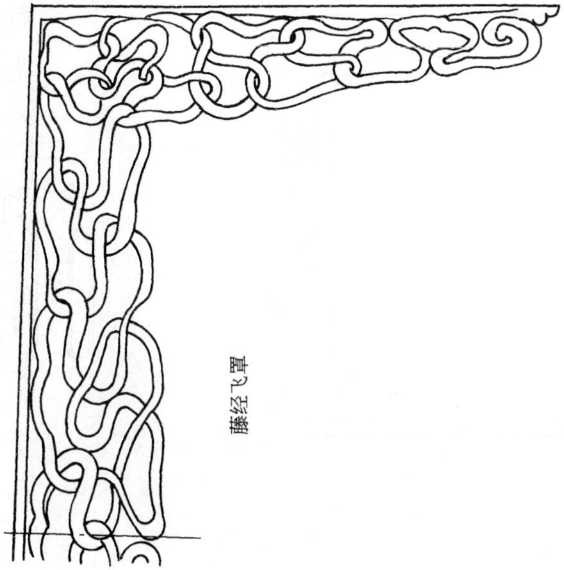

藤经飞罩

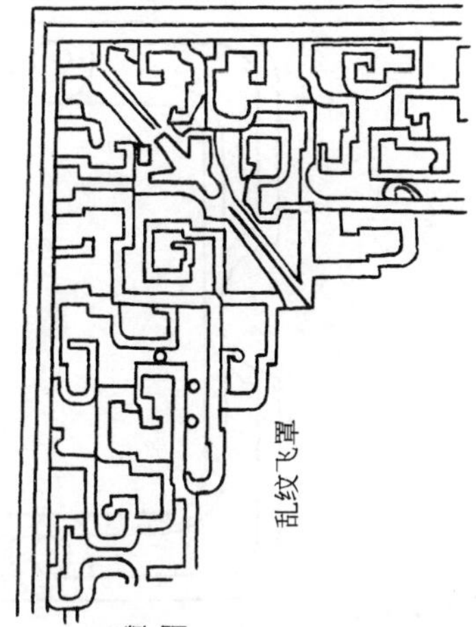

乱纹飞罩

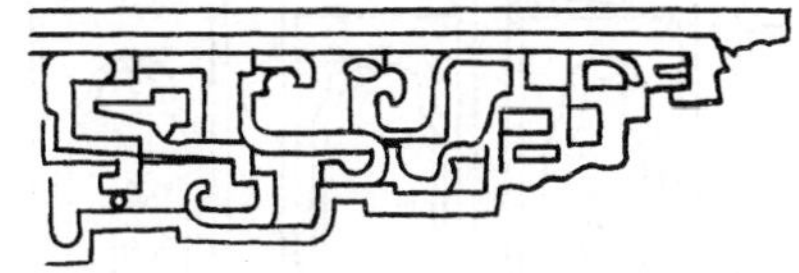

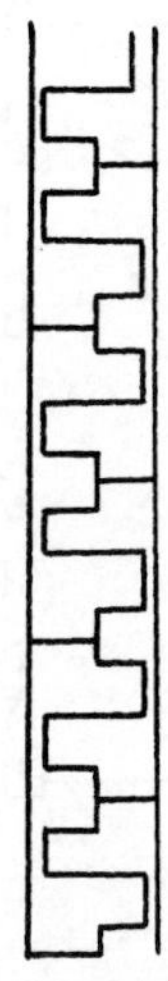

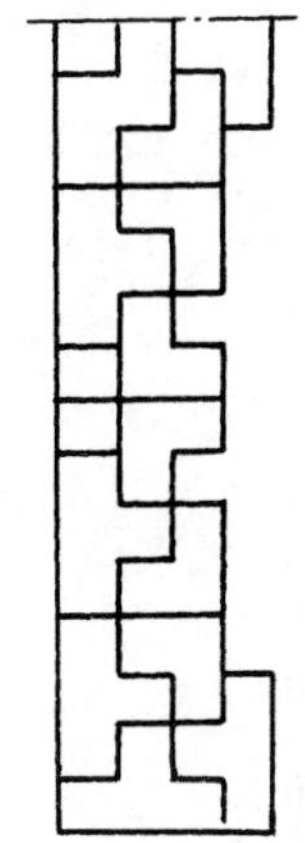

横楣

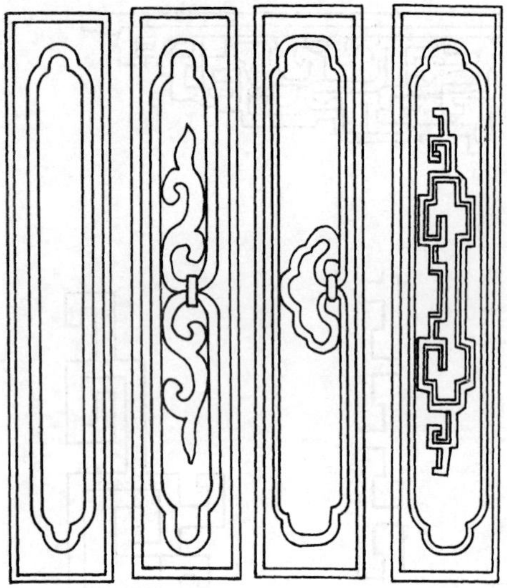

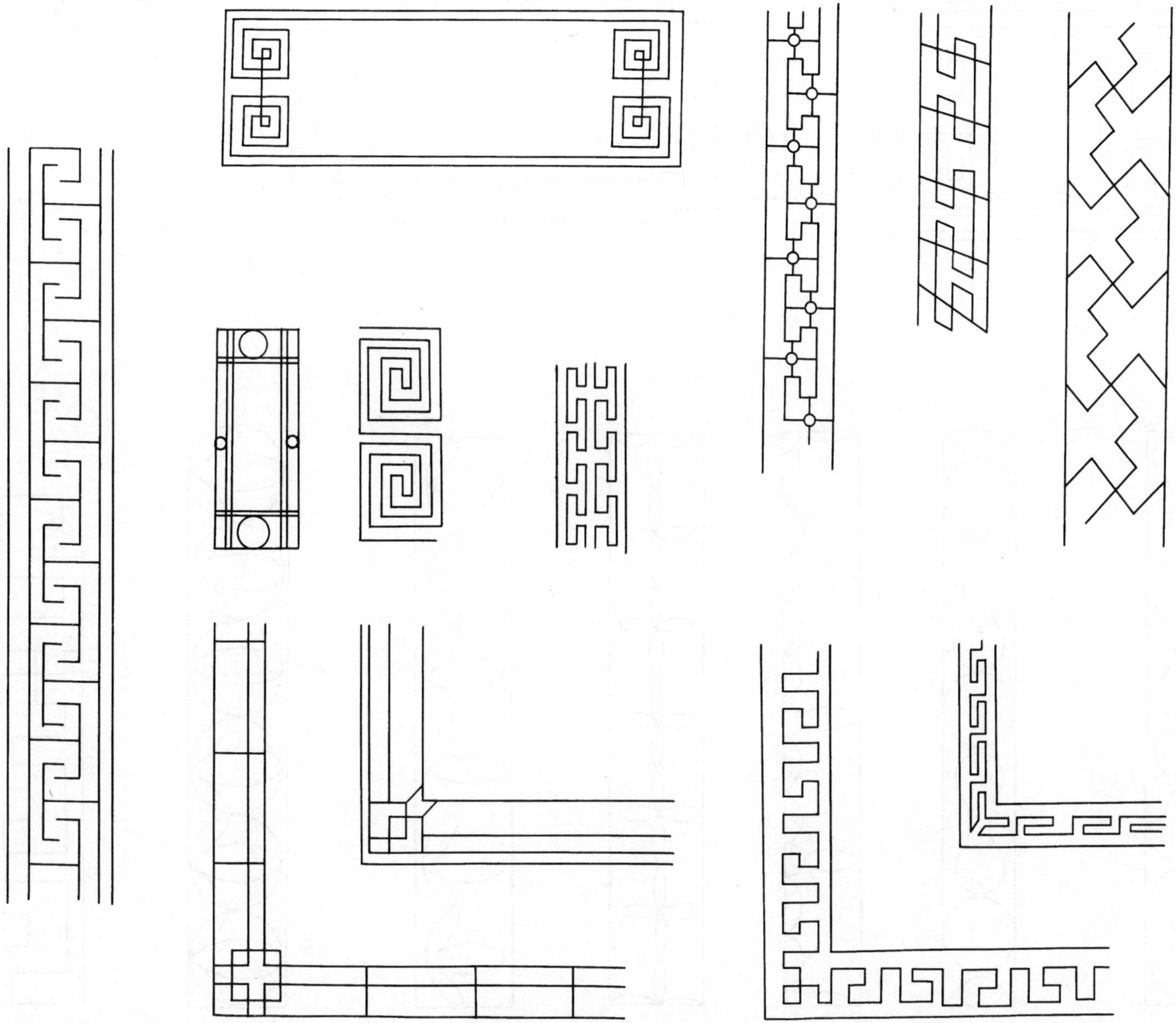

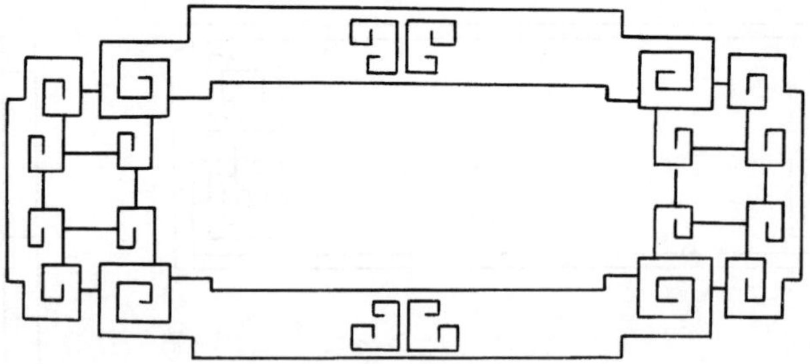

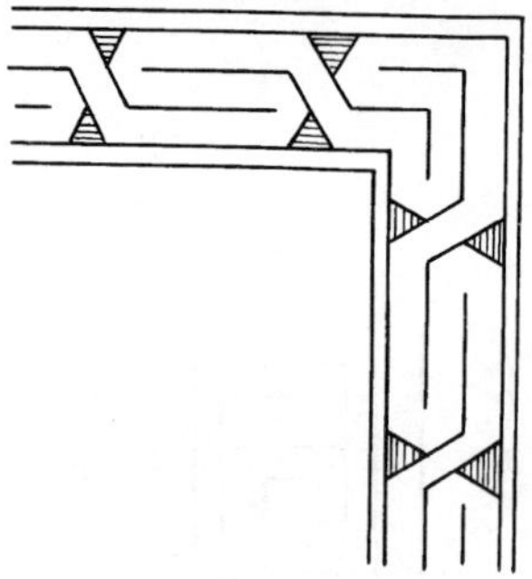

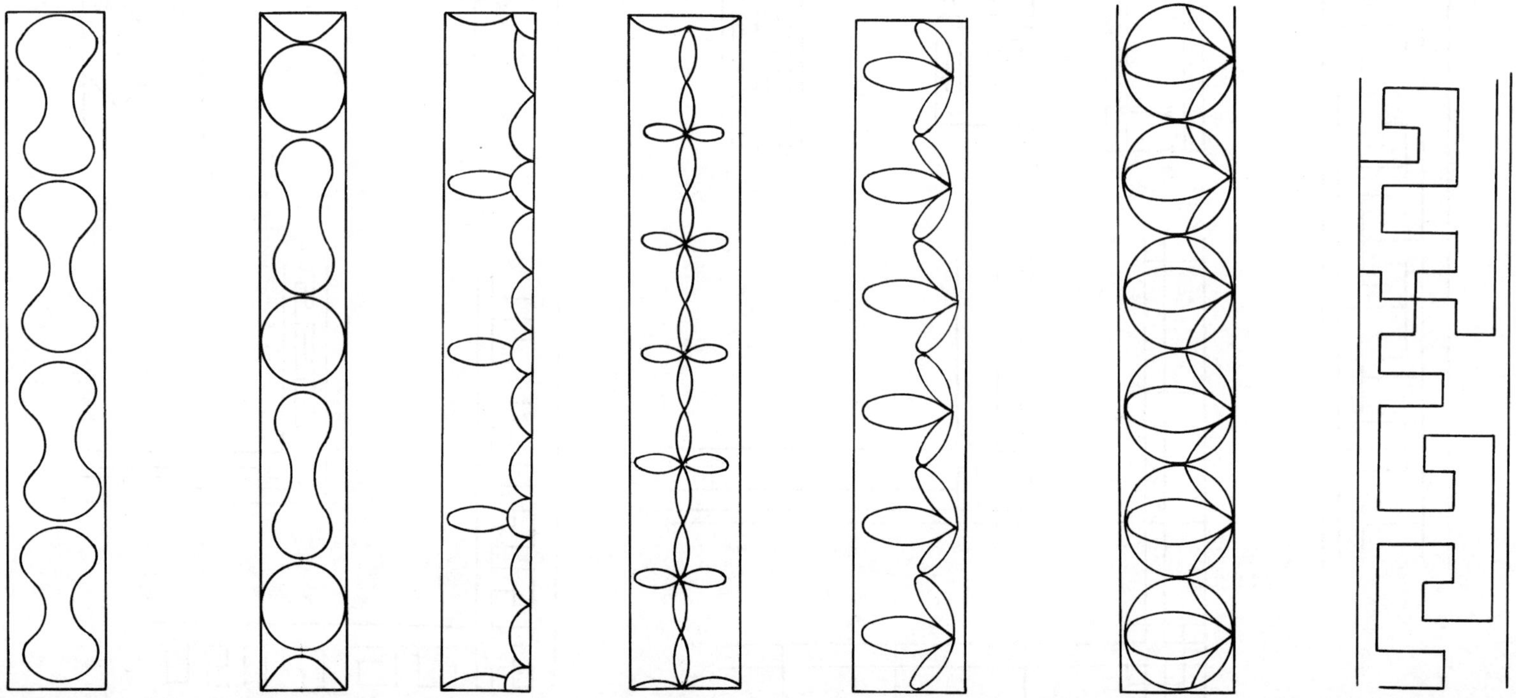

我国栏杆式样(可为设计窗格式样的参考图案)

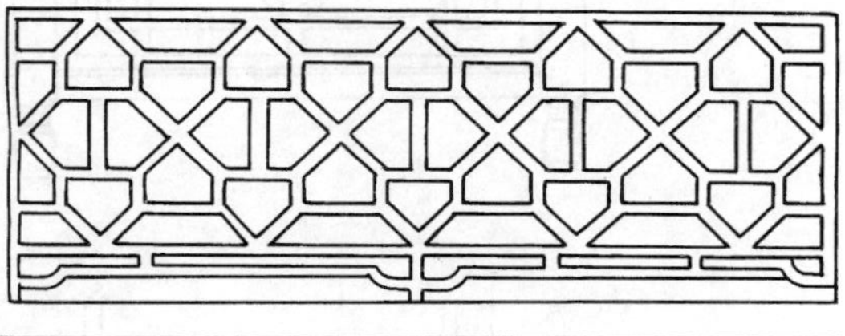

横环式

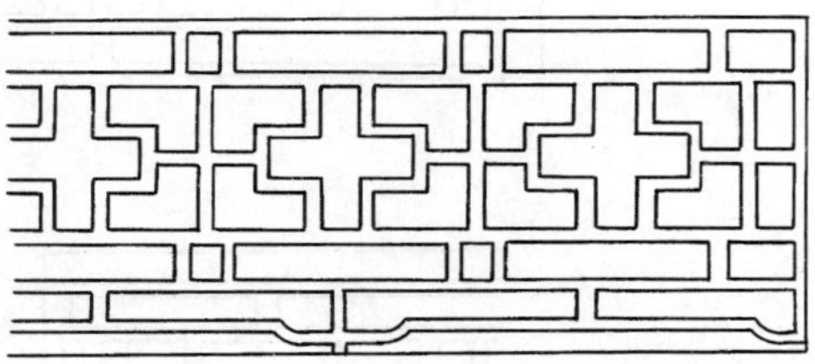

笔管式

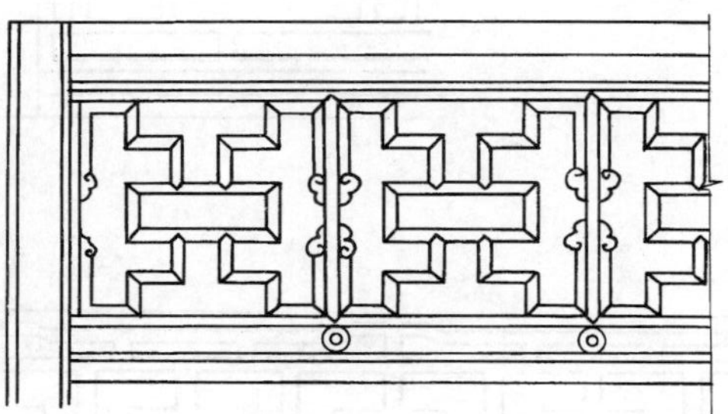

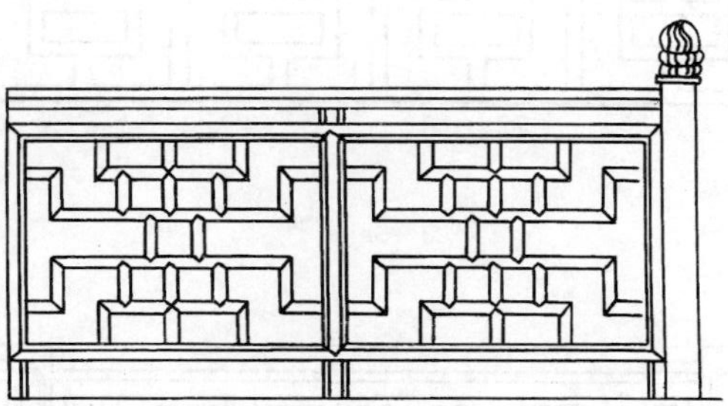

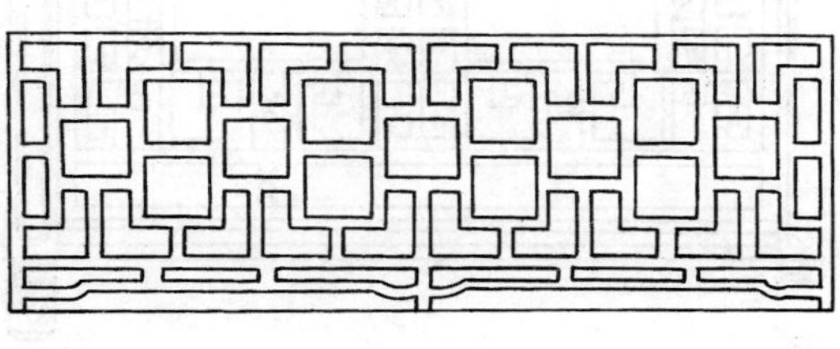

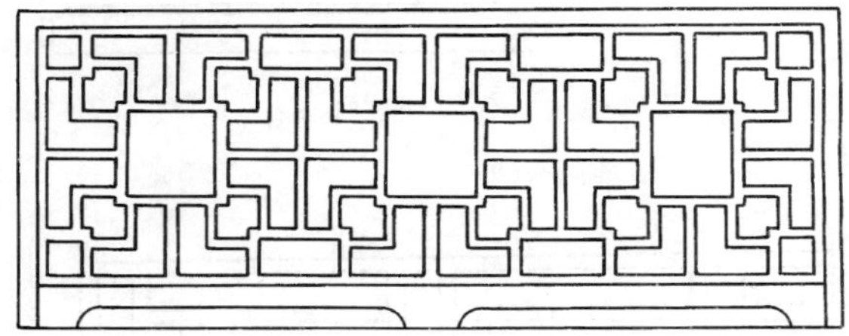

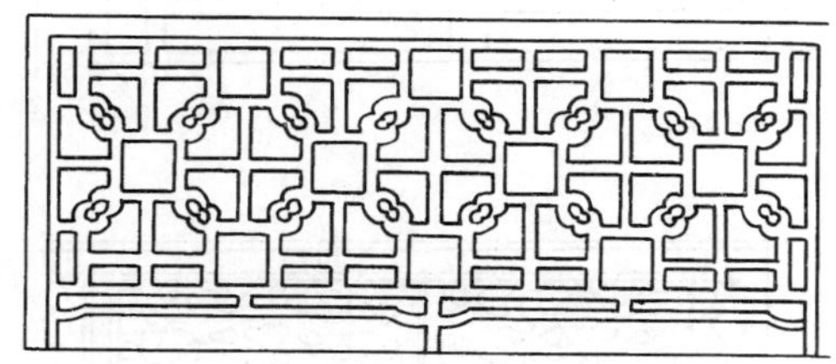

套方式

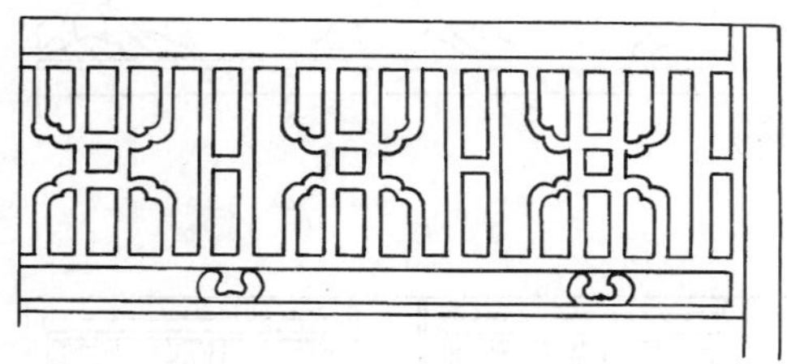

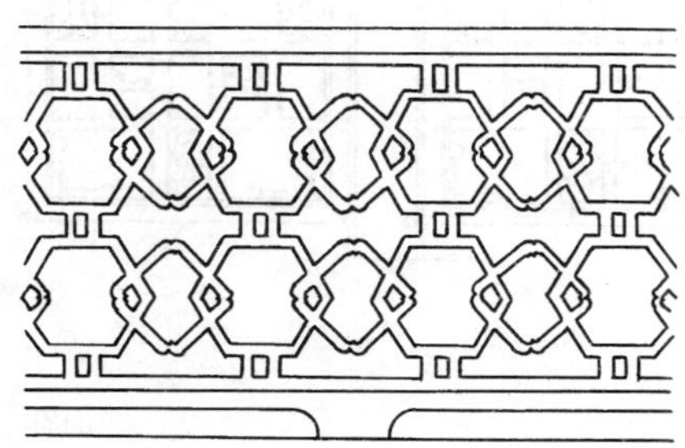

冰片式

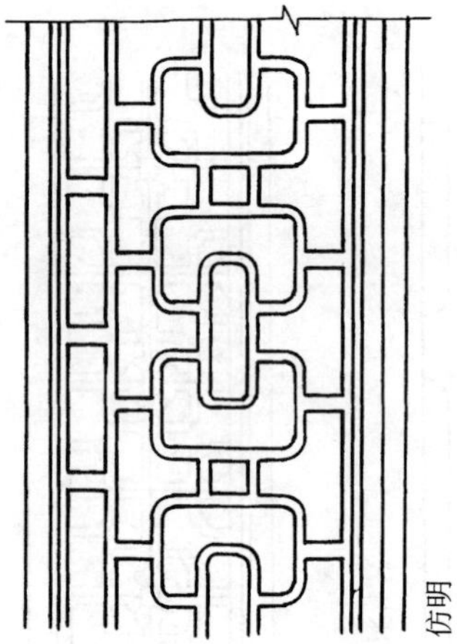

仿明

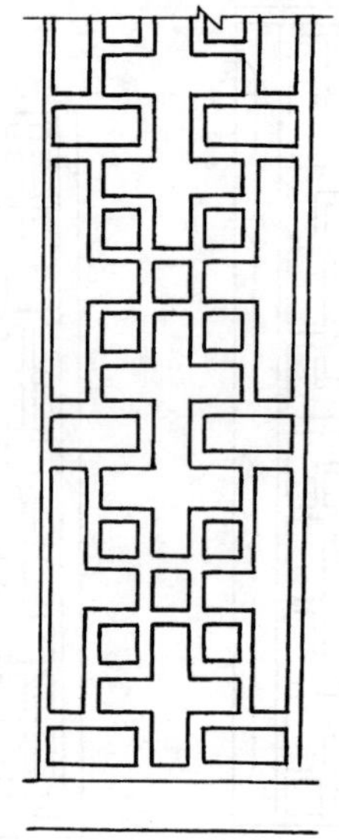

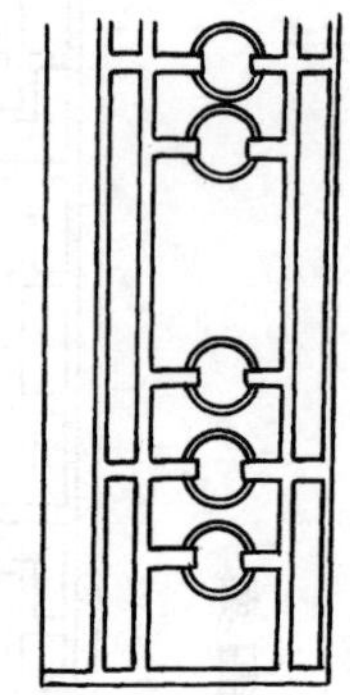

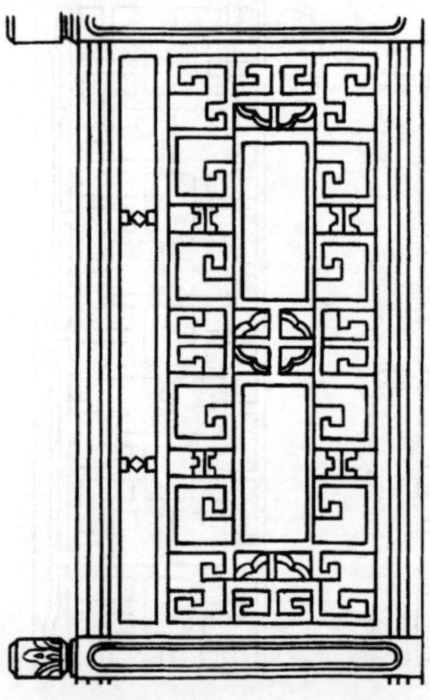

笔管变式

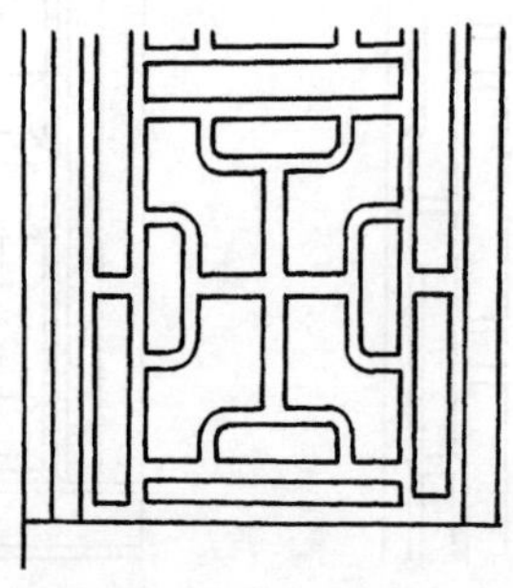

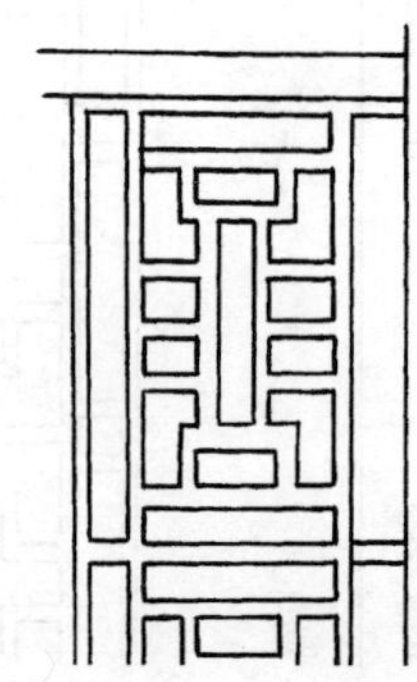

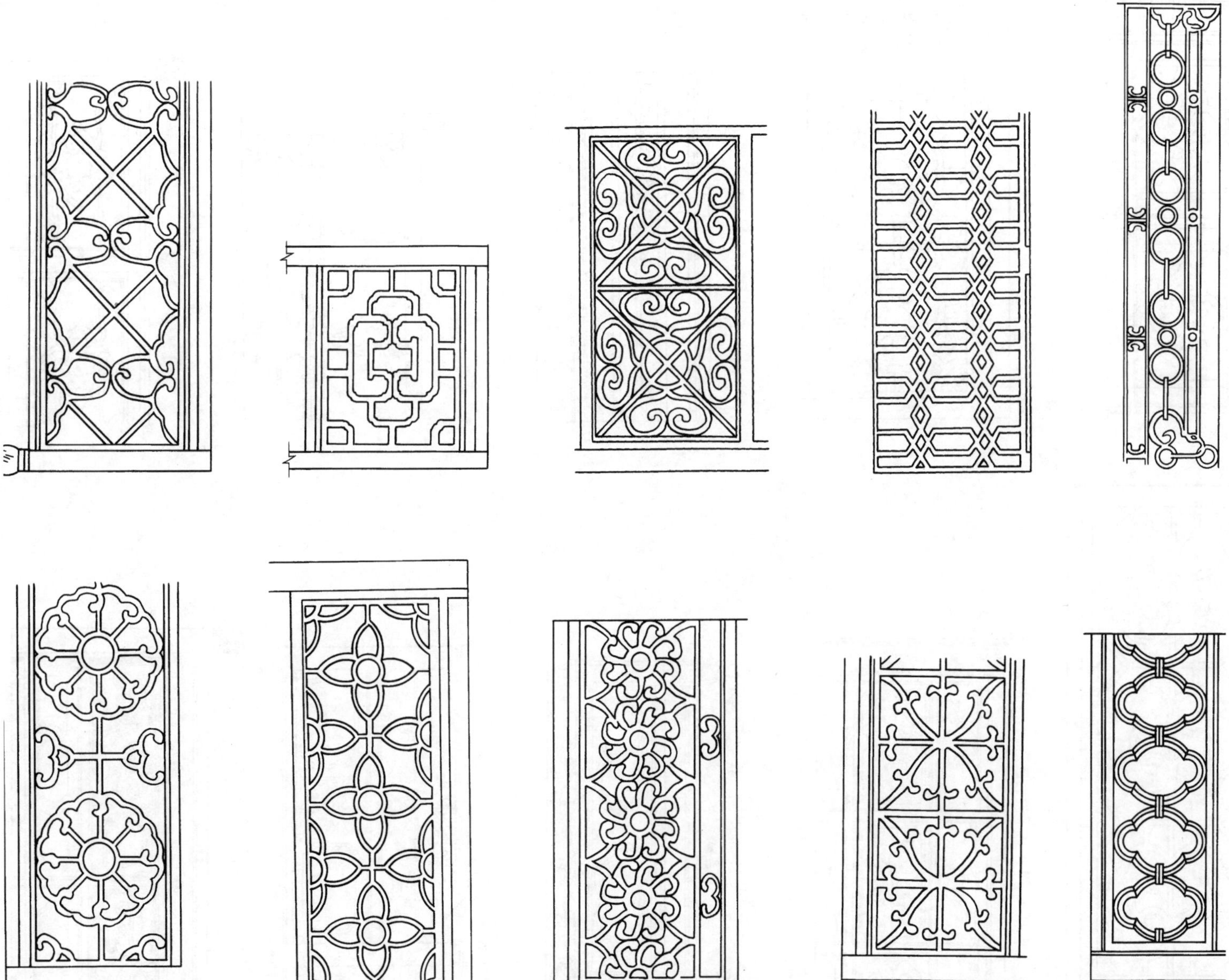

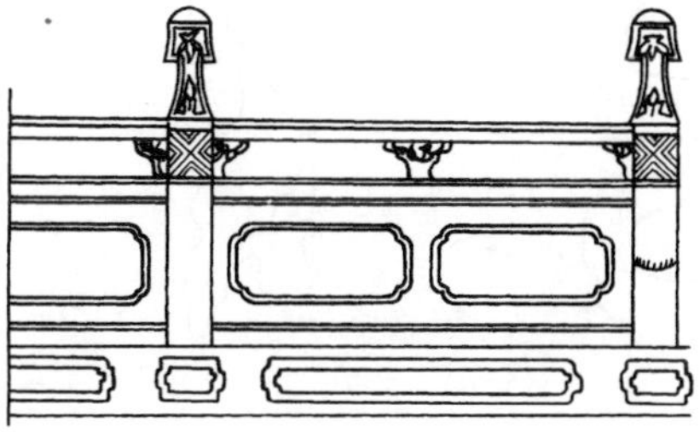
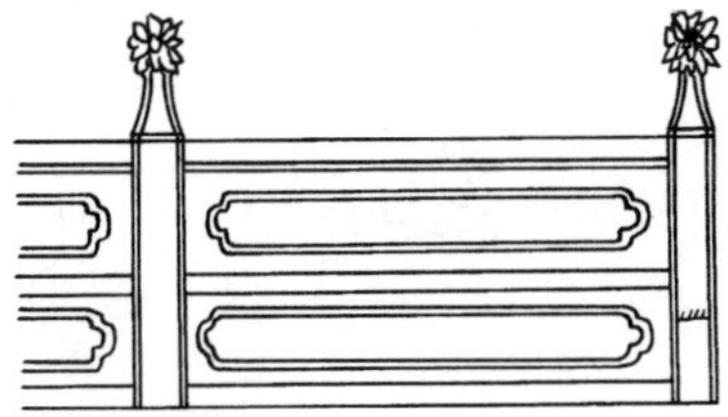

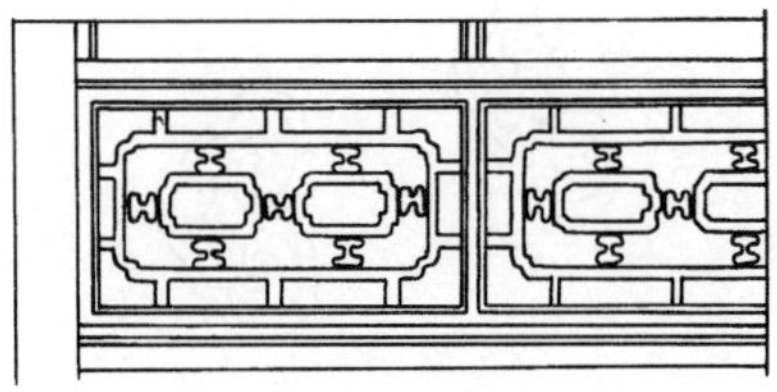

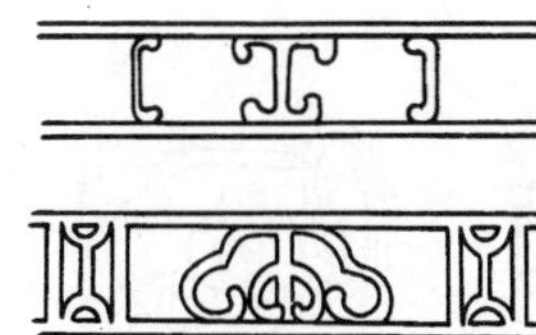

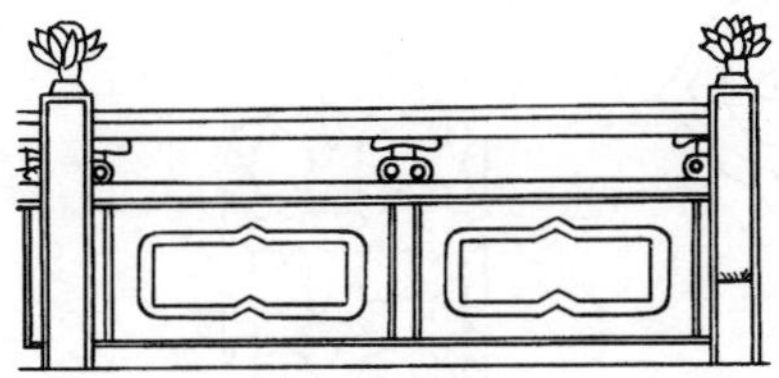
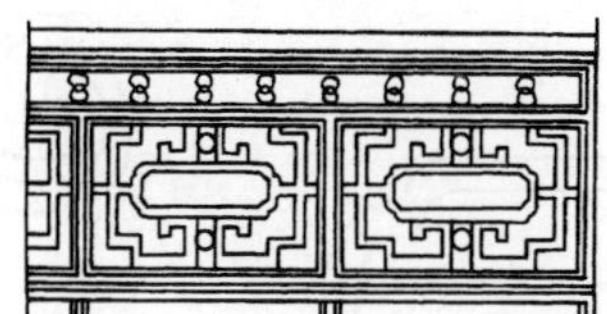

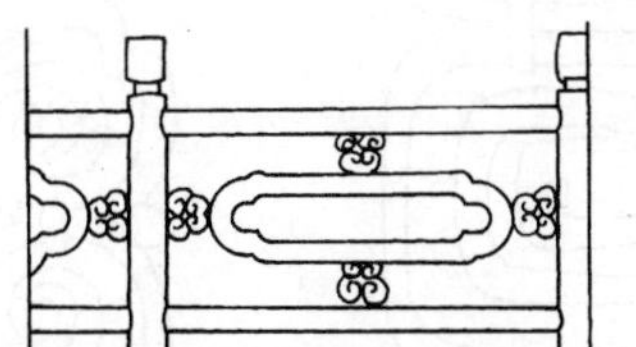

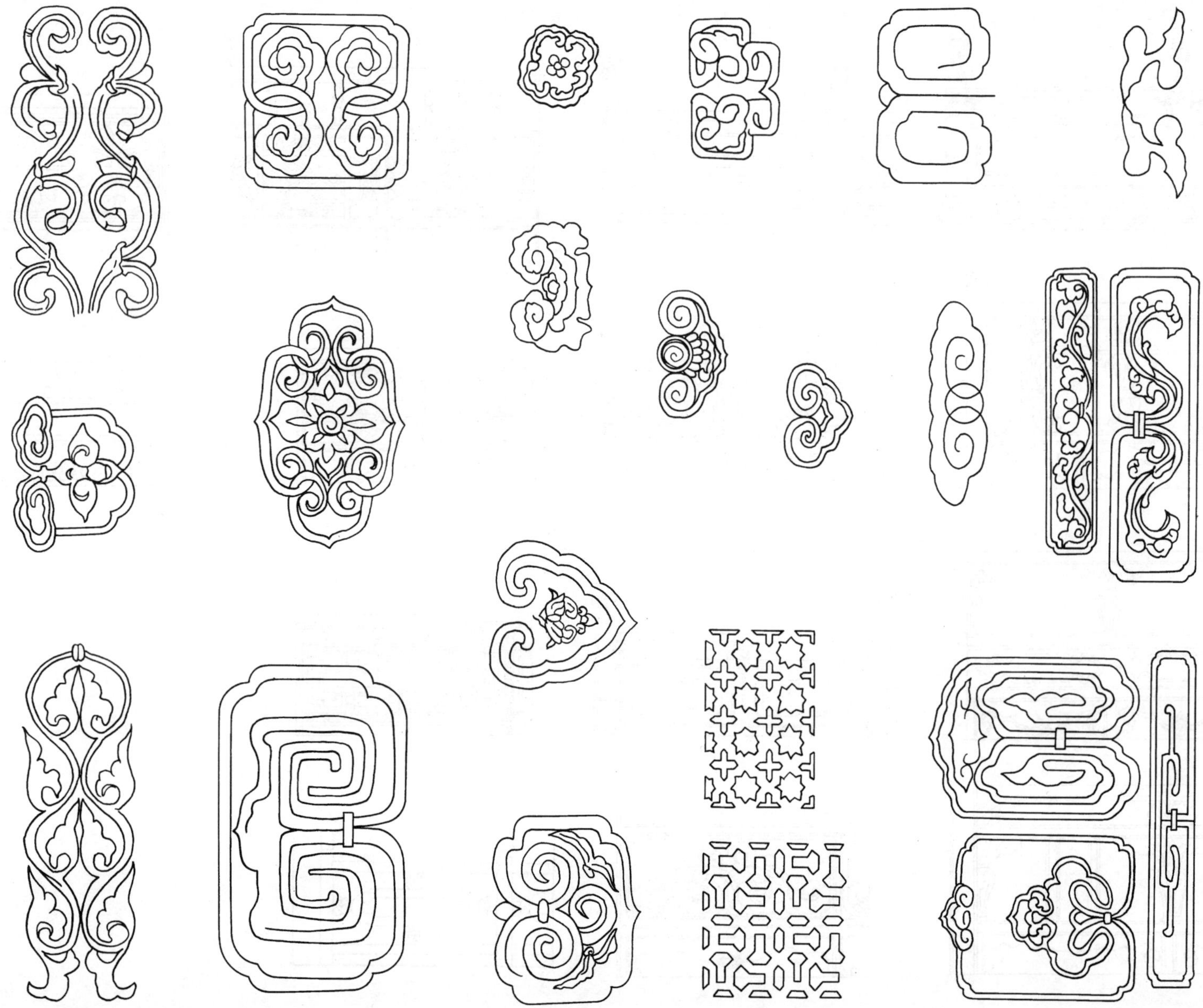

明代石刻图案，可为窗饰（或门饰）之应用

2 玻璃建筑结构外形
(大型玻璃窗应用)

玻璃建筑结构外形(大型玻璃窗的应用)

这里介绍的与传统建筑窗户布置(建筑“挖洞式”设置小窗户)有根本的区别。主要介绍下列几种：

（1）**框架结构+大型玻璃**(称全玻璃墙体)

（2）**框架结构+砖或钢筋混凝土窗台部分+大型玻璃**(即从窗台以上至顶棚檐装玻璃)

（3）**框架结构+条式玻璃**(横向的或竖向的)，**与条式钢筋混凝土结构交替布置**

（4）**玻璃幕墙**

由于建筑外形绝大部分被玻璃(窗)占有，因此，特别强调日照方面的自然法则，即作为设计此类窗型的先决条件。

（5）**光强度**(太阳辐射的高度)

（6）**耀眼**(眩目)，**直接的或间接的**

（7）**光色**(云、气流、玻璃等直接渗透和环境的间接渗透)

（8）**双重光**(双阴影／色彩变化)

（9）**逆光**(轮廓清晰)

（10）**侧光**(亮/暗区域)

（11）**吸收－反射－透射**

（12）**人的皮肤**(吸光线)**状况**

（13）**目视适宜度**

大型玻璃外形的应用，对玻璃制造、运输、装配等方面，应形成一条龙服务，层层把关，保证质量。如玻璃(包括外形)质量、色彩、形式及承受重量及应力；玻璃的防风、通风；冬季的热源内存；外反射声波；视孔(室内向外视野)；安全等方面，均要求十分严格。装配的焊接，密封材料等保质保量。此外，日后玻璃清洁等方面，也应有安全、便捷的措施。

玻璃建筑结构外形(大型玻璃窗的应用)

（1）**装玻璃的类型：**

(*a*)松软的密封材料型；

(*b*)添加密封材料型；

(*c*)两侧前置镶边封条的有伸缩性的密封材料型；

(*d*)加推压力的密封材料型。

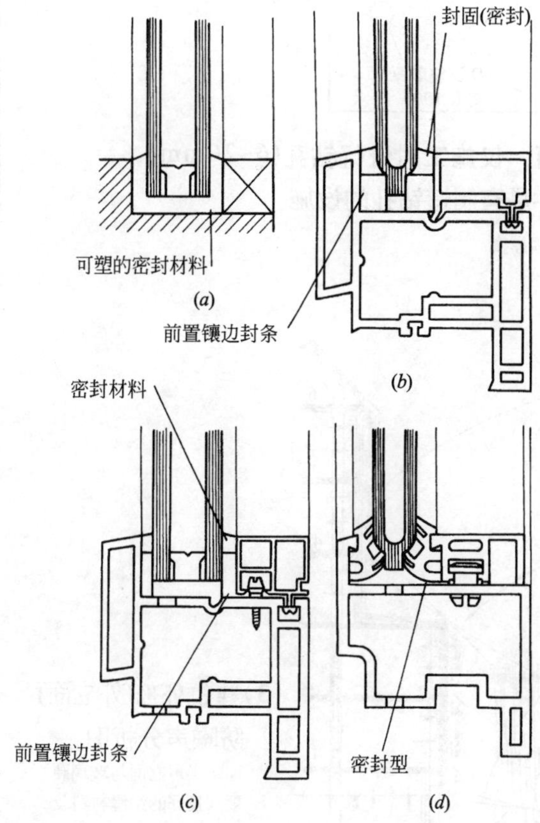

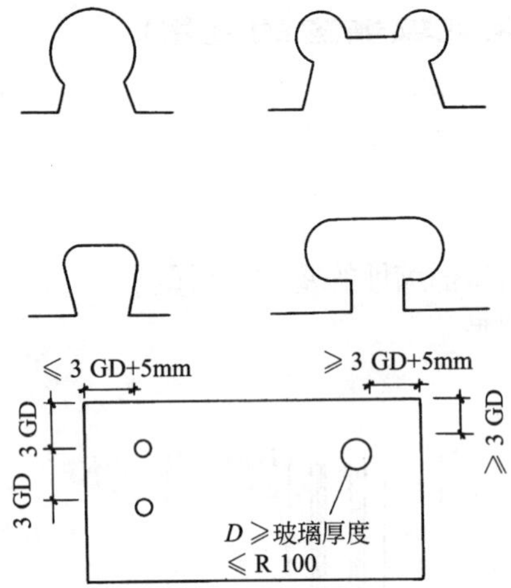

（2）特殊截面，仅施工时进行钻孔(6~20mm)，先决条件是有制造钻孔的设施

注：$D \geqslant$玻璃厚度

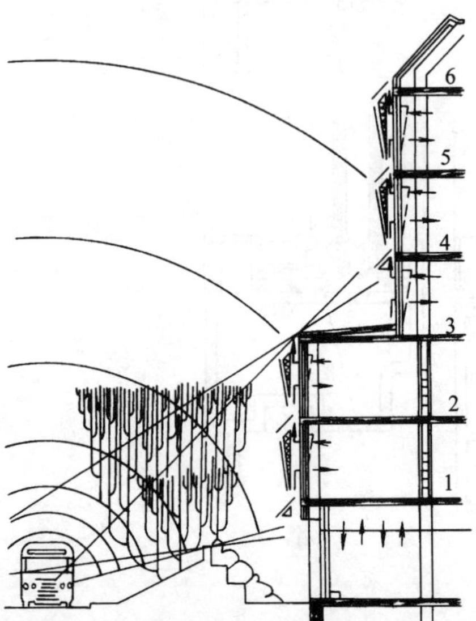

(3) 建筑外形(外立面)防噪声分析图

称防噪声立面与玻璃硬度，良好的绝缘材料及防声墙有关

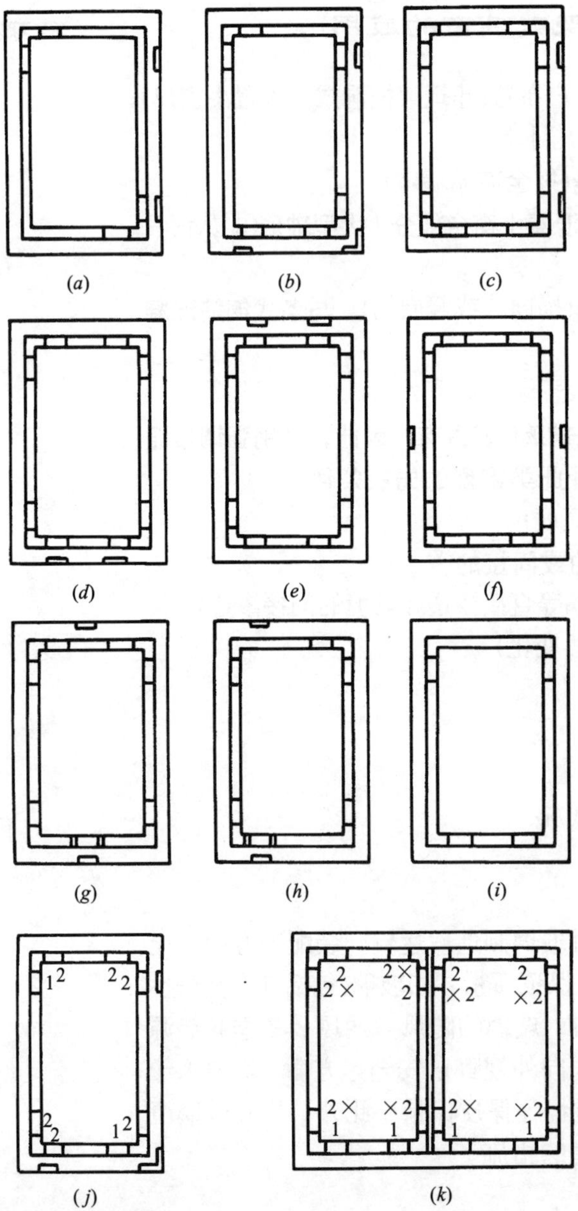

(4) 钢窗(开启部分)装配和开启类型

(*a*) 旋转窗扇(户)；
(*b*) 倾斜旋转窗扇(户)；
(*c*) 提升旋转窗扇(户)；
(*d*) 倾斜开启窗扇(户)；
(*e*) 可折叠的窗扇(户)；
(*f*) 防震窗扇(户)；
(*g*) 对中的回转窗扇(户)；
(*h*) 外中的回转窗扇(户)；
(*i*) 固定式窗扇(户)；
(*j*) 提升，倾斜旋转窗扇(户)；
(*k*) 横向平移式窗扇(户)“×”防震(缓冲)间隔内放塑料塞

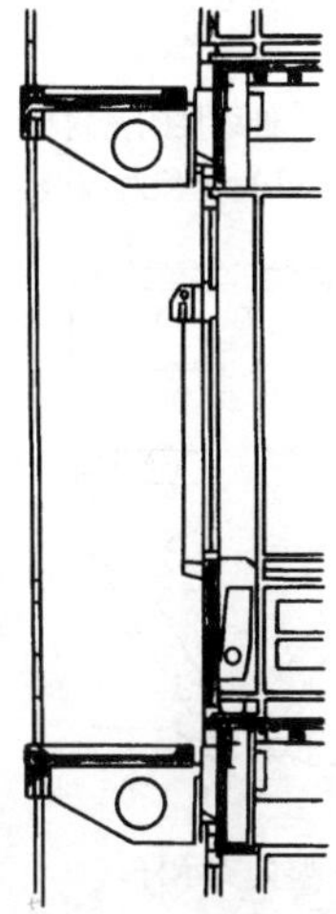

（5）前悬臂立面的绝缘玻璃(装配)(剖面图)

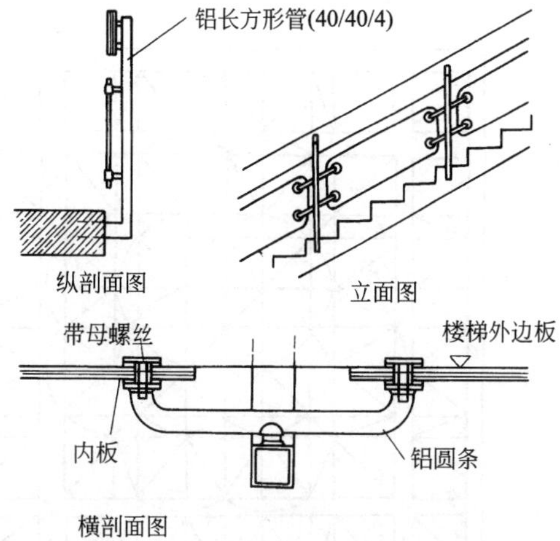

（7）室内楼梯的安全玻璃扶栏

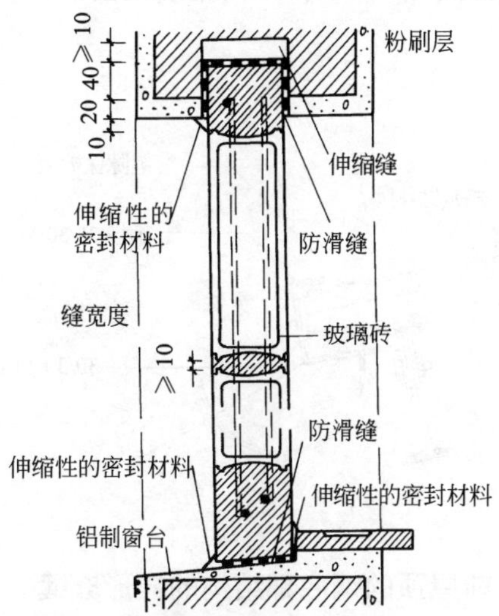

（6）空心混凝土玻璃砖的横断面图
(直射平光窗)

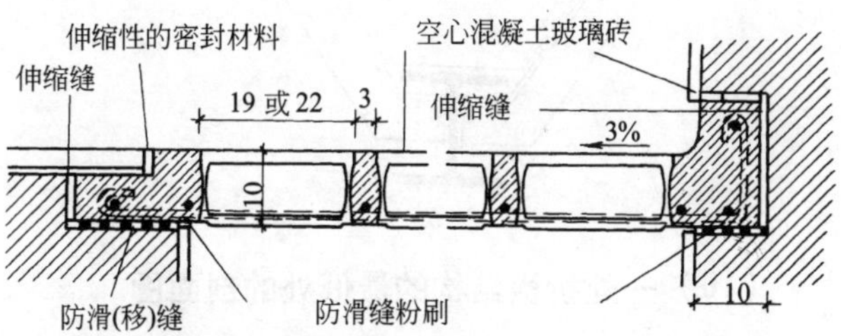

（8）玻璃砖外墙纵剖面图

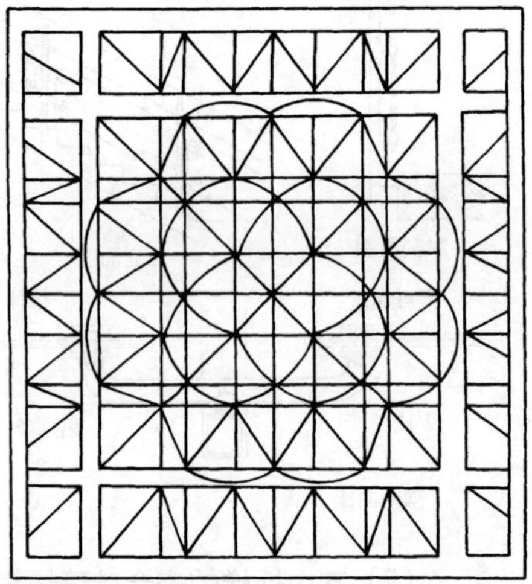

（9）屋面空间桁架结构，带嵌丝玻璃的轻框日光面

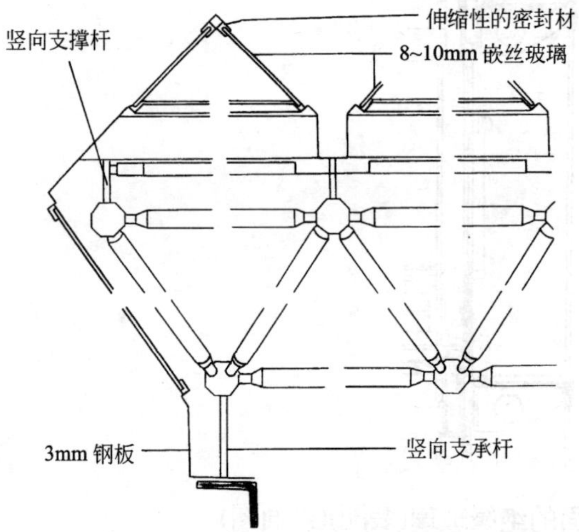

（11）玻璃屋面结构形式按 7m × 7m 构架装屋面玻璃砖

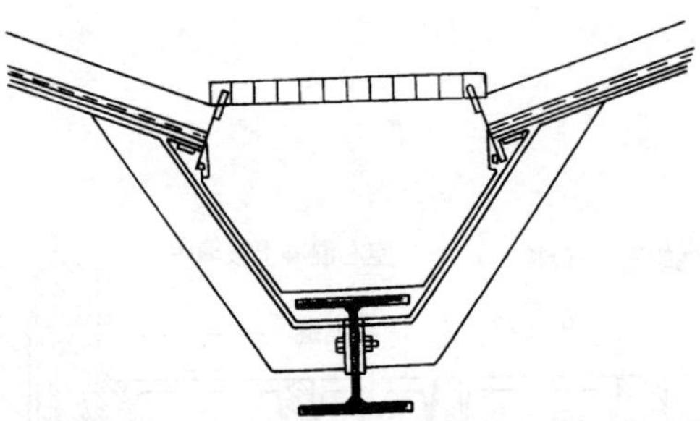

（10）一处折板结构的最低处的剖面图

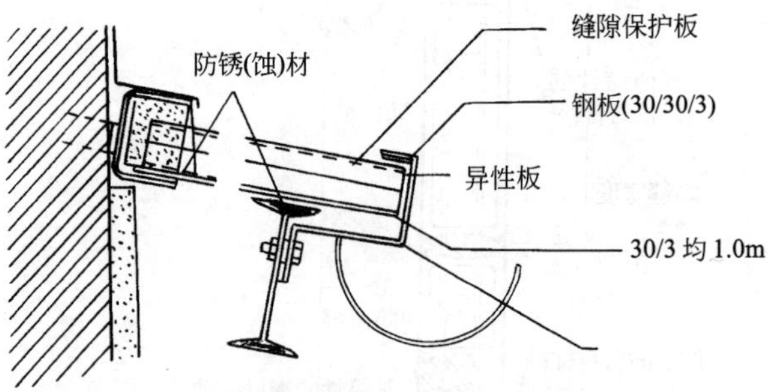

（12）前屋顶的钢底部结构的异形嵌缝

（13）**大玻璃窗日后维护和清洁**(设计时应考虑)

例如，建筑物 70m × 90m，层高 5.5m，1~4 层(特殊 6 层、7 层)

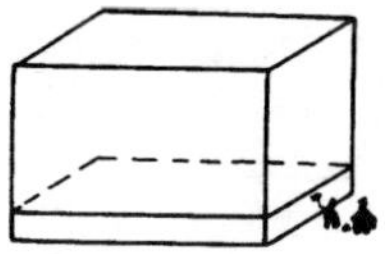

(*a*) 底层清洁维护，不需要附加措施

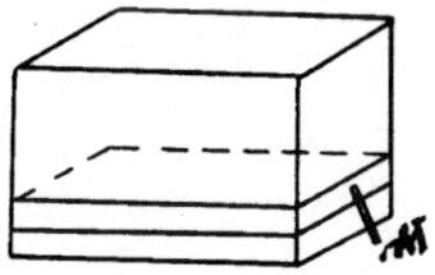

(*b*) 二层清洁维护，加梯

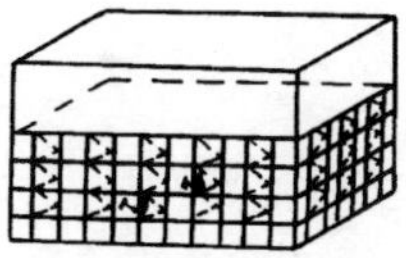

(*c*) 1~4 层清洁维护，在二层(包括二层)以上，每层交替布置开启窗户与封闭窗户

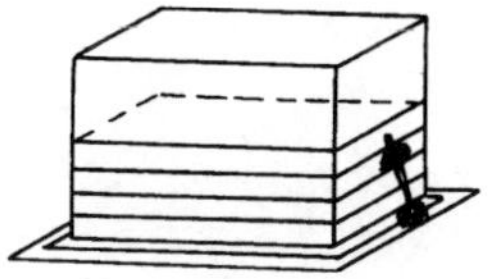

(*d*) 1~4 层清洁维护，环建筑物四周，伸出移动梯子(可伸缩)

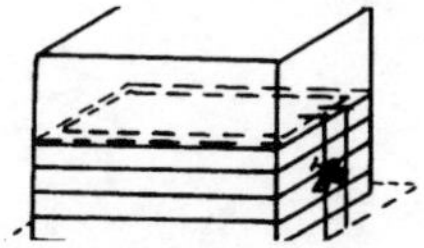

(*e*) 1~4 层清洁维护，从屋顶架钢架(垂直型)

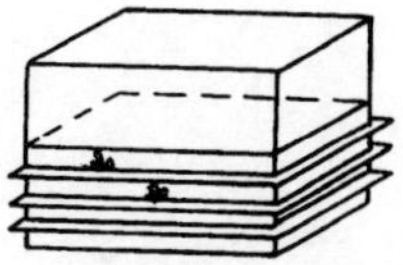

(*f*) 1~4 层清洁维护，每层四周的近阳台(伸出板也可)

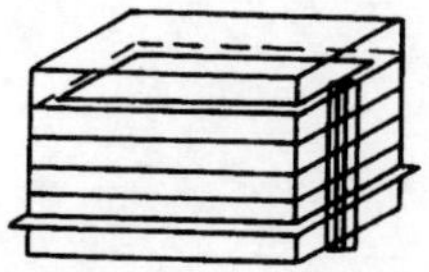

(*g*) 1~6 层清洁维护，从地面至屋顶架脚手架

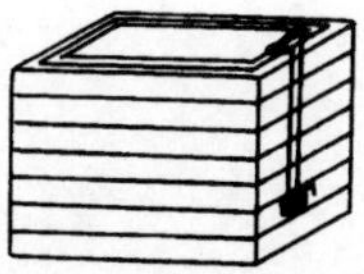

(*h*) 1~7 层清洁维护，从屋顶架悬空的脚手架

（14）**装大型玻璃方式**

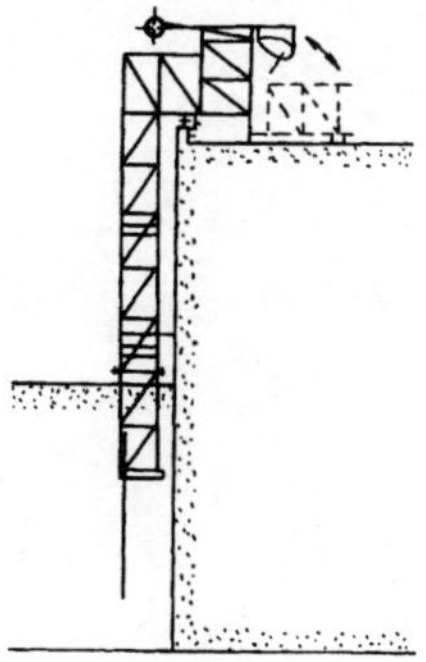

悬吊装置(带加热设备)

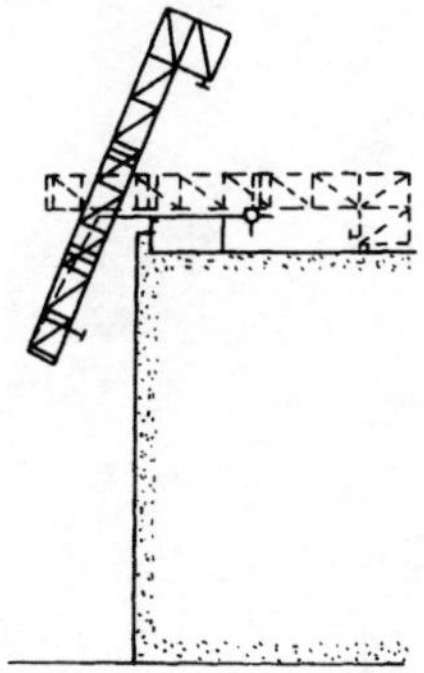

在屋顶上，高度上可伸缩装置

3 中外著名古建筑—建筑窗的形式与风格

中国古建筑

国外著名古建筑

中国古建筑－窗(户)式样(汉代)

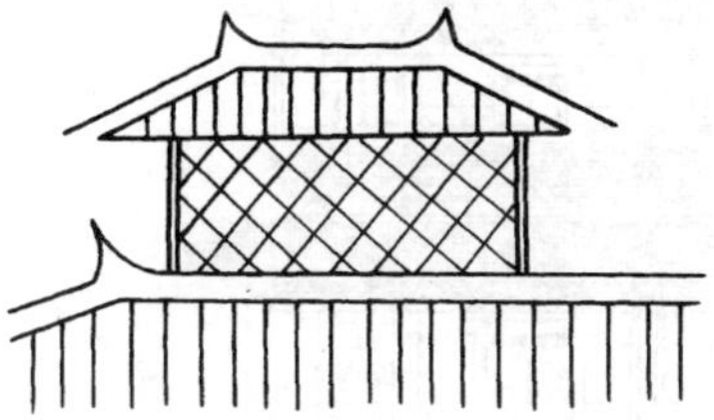

(*a*) 天窗　四川彭县画像砖

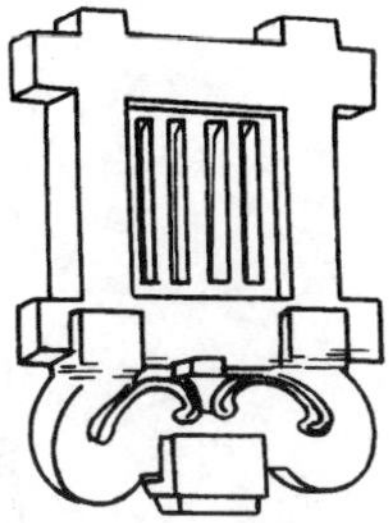

(*b*) 直棂窗　四川内江崖墓

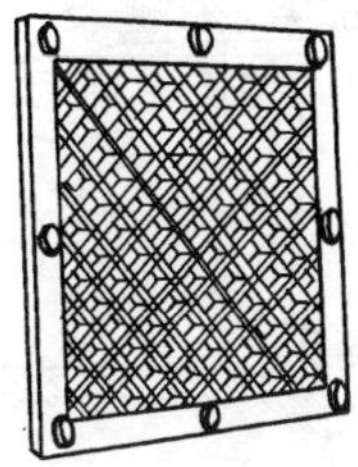

(*c*) 窗　汉明器

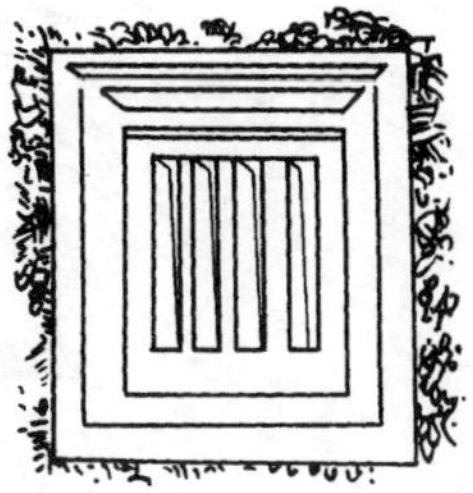

(*d*)直棂窗　徐州汉墓

(*e*) 锁纹窗　徐州汉墓

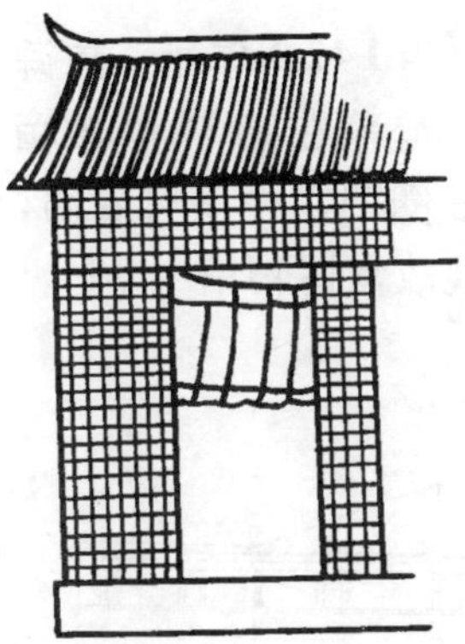

(*f*) 落地长窗
宋画华灯侍宴图(宋代)

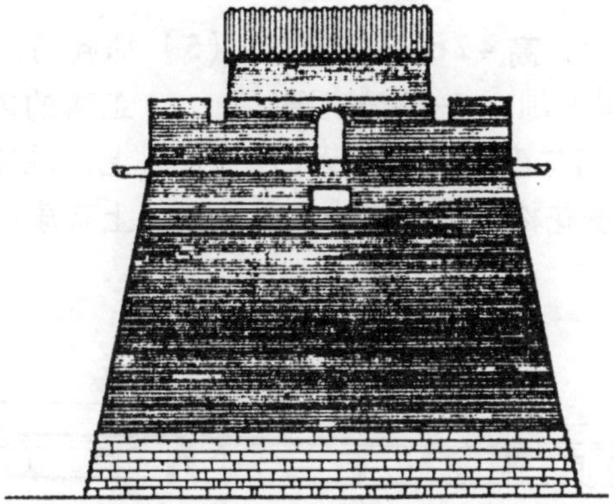

(1) 明，长城，烟墩，猫儿窗，山阳县(山西省)

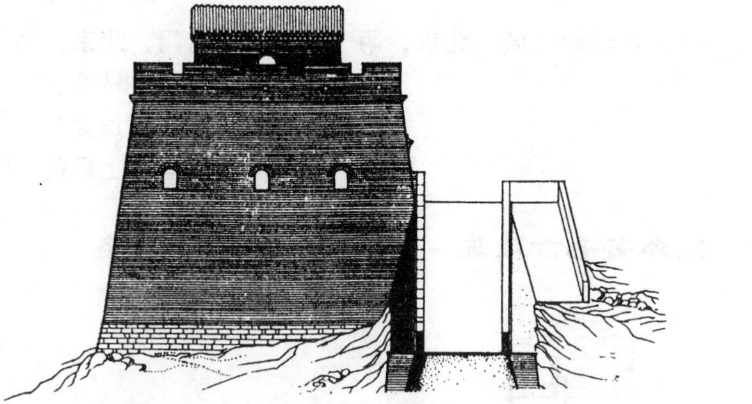

(2) 长城，敌台，应县小石口(山西省)开箭口(炮眼)射击口(明代)

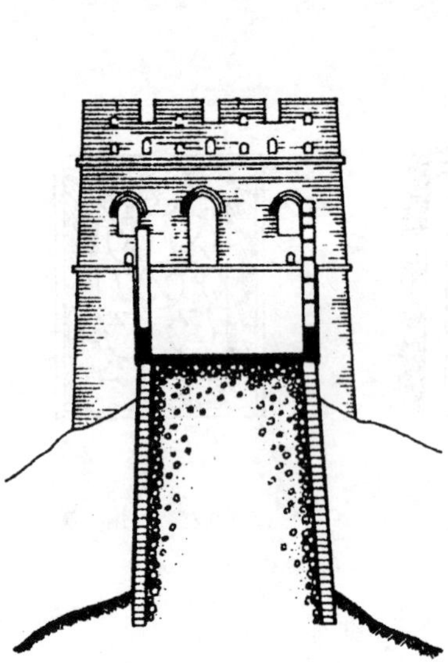

（3）八达岭长城，北京，明

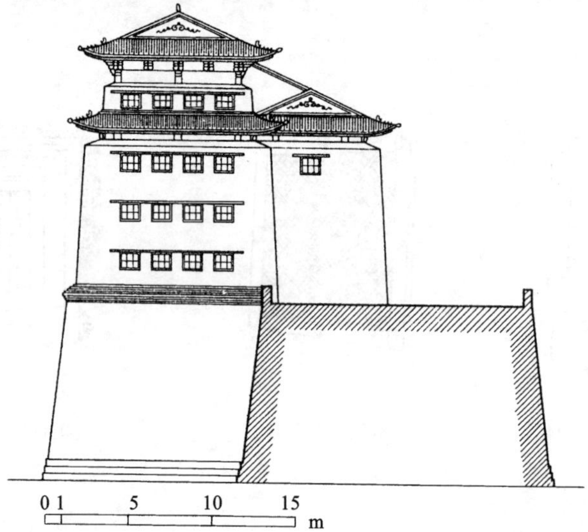

（4）前门，北京，明 **1421** 年建，高 **42m**，开箭窗(射孔)**82** 个，(门三座通向城台顶)，一座城门圈洞。下层为涂朱砖墙，明间与山面为实踏大门一座；上层前后檐装饰为菱花格隔扇门窗

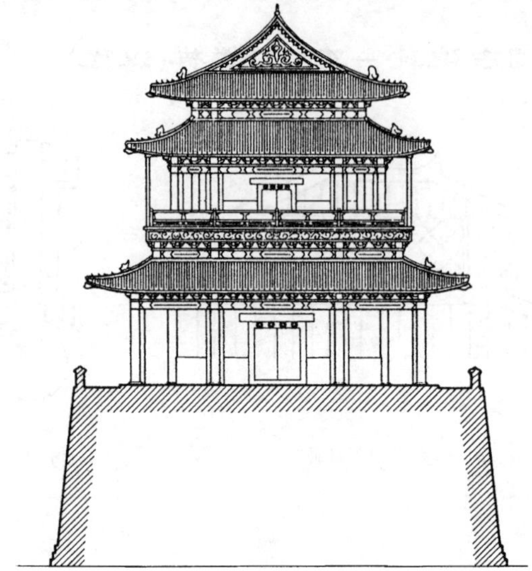

（5）神武门，北京，明 **1420** 年建，防御工事的内城门，坐落在高 **10m** 城墙上，城墙上有三圈门，中间可启闭，上有扇门窗，现故宫博物馆

国外著名古建筑－建筑窗的形式与风格

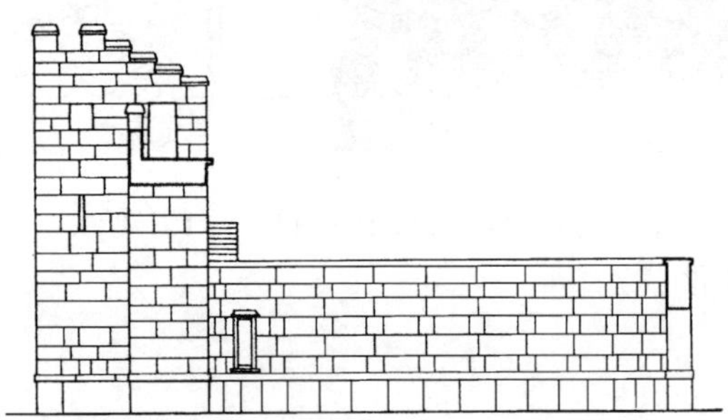

（1）墨西拿(Messene)，希腊，阿卡迪亚城堡(Enceinte fortifiée)猫儿窗，公元前 **4** 世纪初建

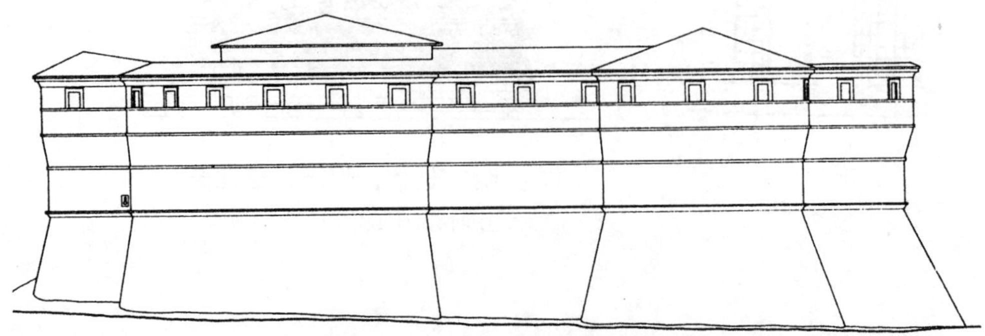

（2）拉·洛卡(La Rocca)，意大利，拉·洛卡城堡(La Roccas Fortress)，始建于公元 **1475** 年，炮眼(猫儿窗)孔，三角形棱 堡，有利于火器的射击

（3）佩加(Perge)，希腊，晋费利恩城墙(Pamphylien)，长方形城墙塔(作为城墙的一部分)、除炮眼(射击孔)窗外全部为实墙，防御好

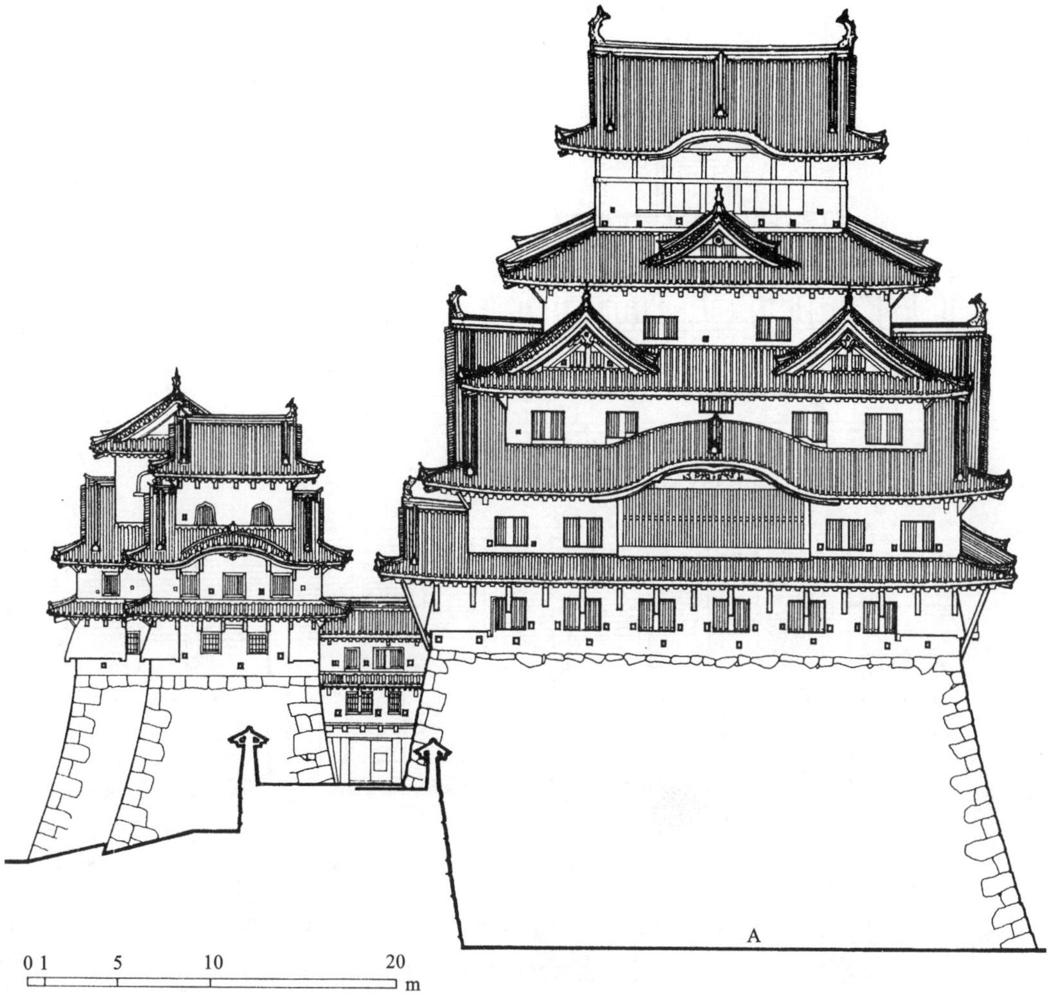

（4）姬路，日本，埃格利特城堡(Egret castle)，即天守阁，五层，木制梁柱结构，并在大块毛石砌的高台上，凹石墙，有明显的坡度，全高**50m**(底层22m × 17m)，连立式防御，另设**3**个小天守监护着大天守的门。大小天守同武器库相连。入城门，经长长迂回上坡道入大天守阁，图为天守阁窗格布置

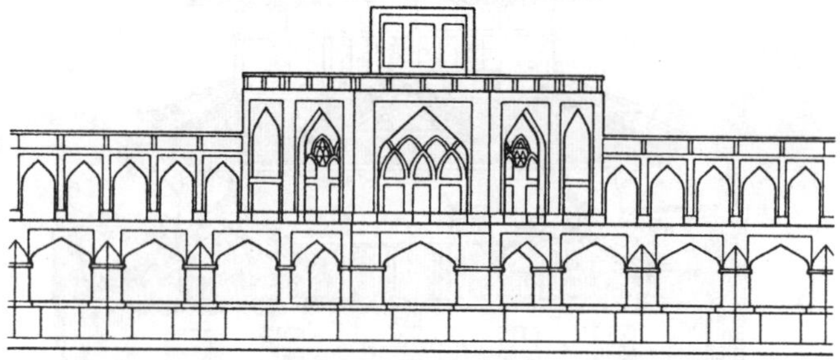

（**5**）波斯，伊斯法罕，卡贾(Khaju)桥，建于公元 **1650** 年

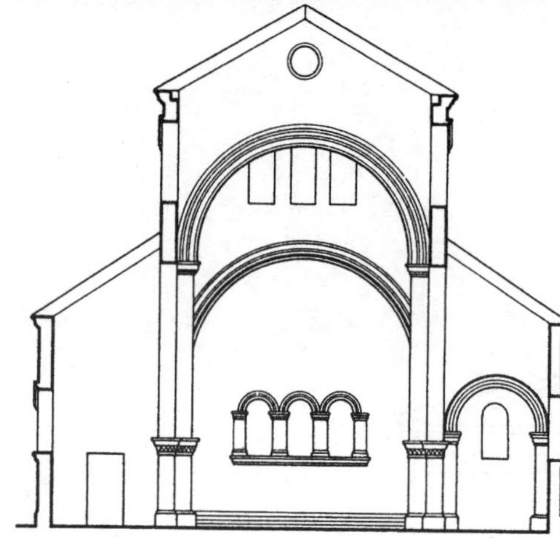

(*a*)

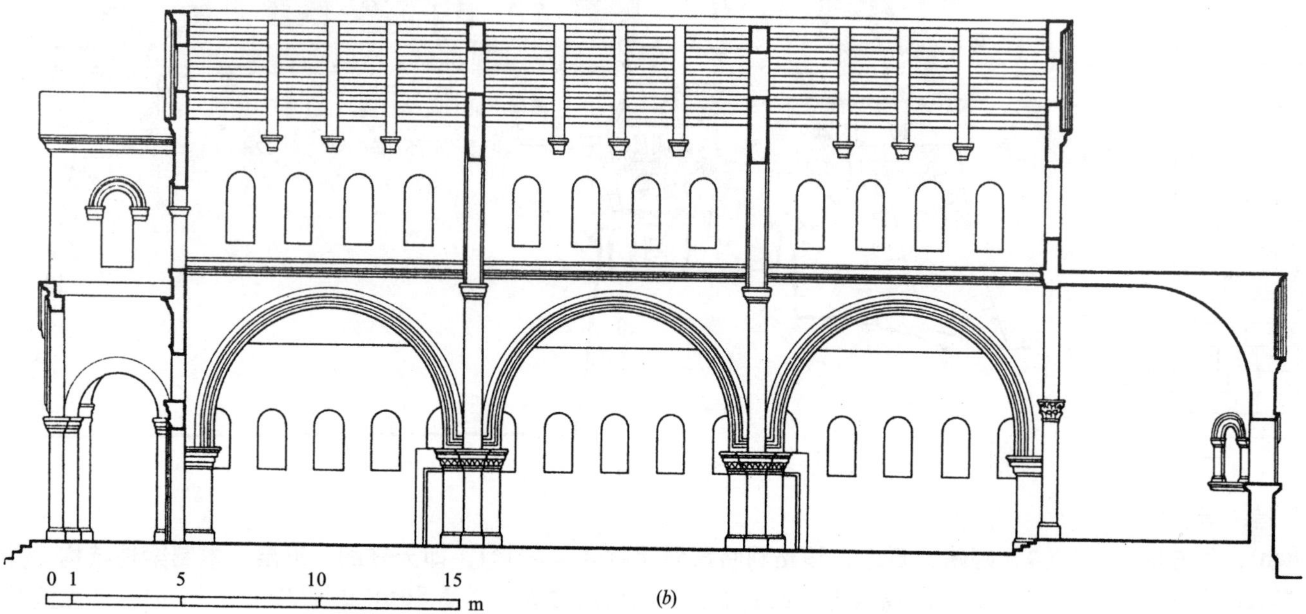

(*b*)

（**6**）鲁埃哈(Roueiha)，叙利亚，比佐斯教堂(Bizzos)，始建于公元 **6** 世纪大型拱圈部(跨 9m)，双列排窗，争更多的天然光射入正厅(*a*)、(*b*)

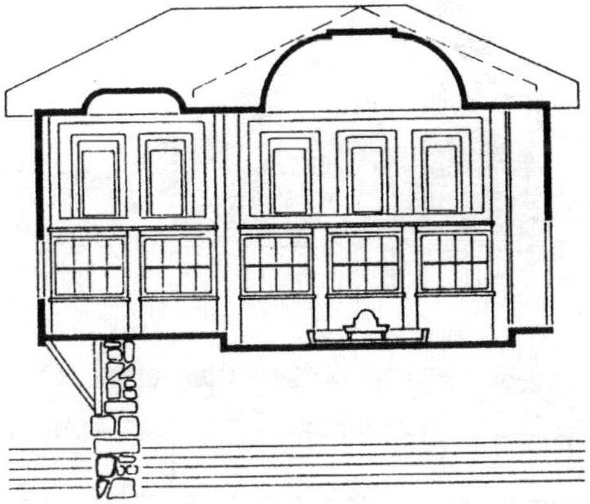

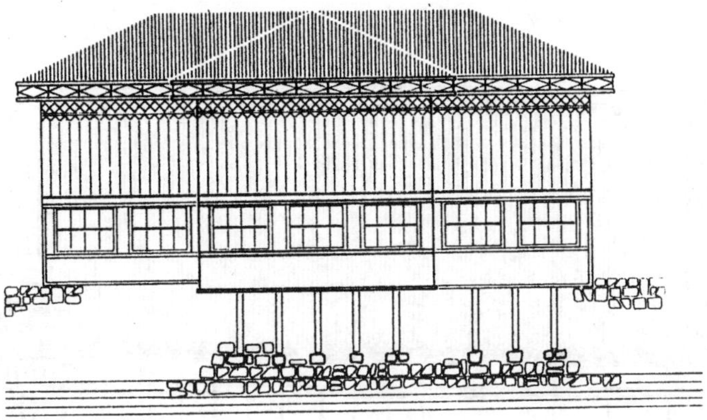

（7）阿纳多卢－希萨尔(Anadolu-Hisar)，土耳基，科普罗勒－邪利西(Kö prü lü-Yalisi)建筑，始建于公元17世纪末，耶利(Xali)住宅

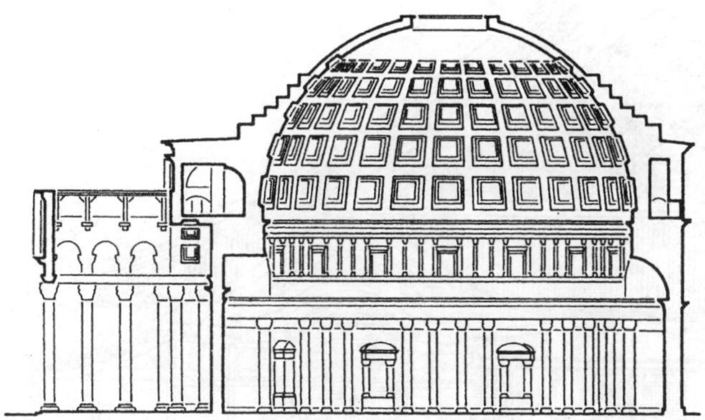

（8）罗马(Rome)，意大利，万神庙(Pantheon)，始建于公元120年(哈德里姆王(Hadrian)统治时期)，穹顶直径43.3m，全高也是43.3m，穹顶中央处(最高处)开天窗孔(圆形)，直径8.9m

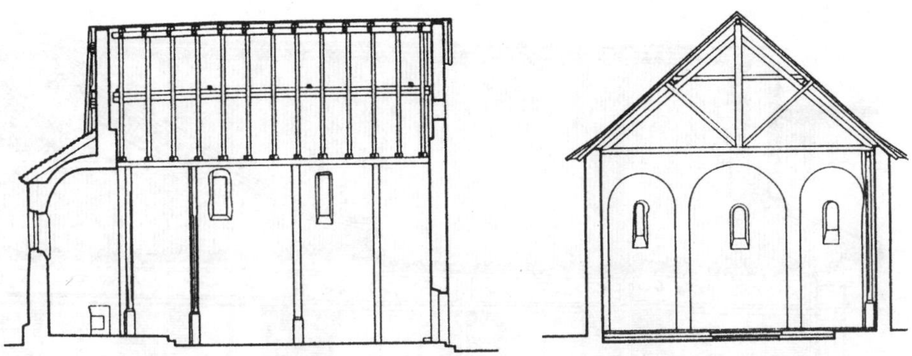

（9）瑞士，米斯坦尔(Mistail)，圣・彼得教堂(St.Peter)，800年历史(桁架屋顶)

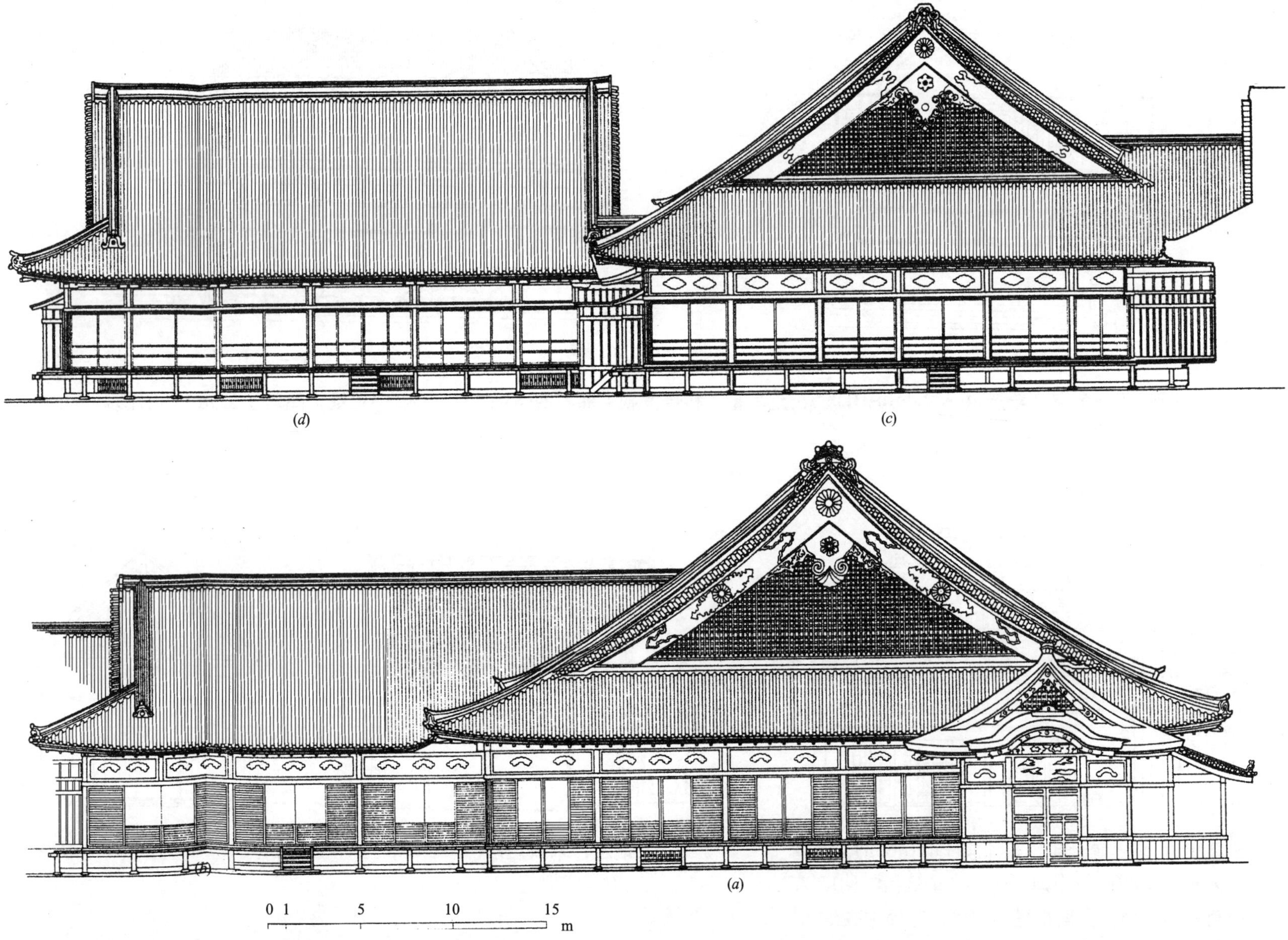

（10）京都，日本，尼乔城宫殿，全长120m，图示：(*a*)正厅；(*b*)会堂；(*c*)接待室；(*d*)私人住宅

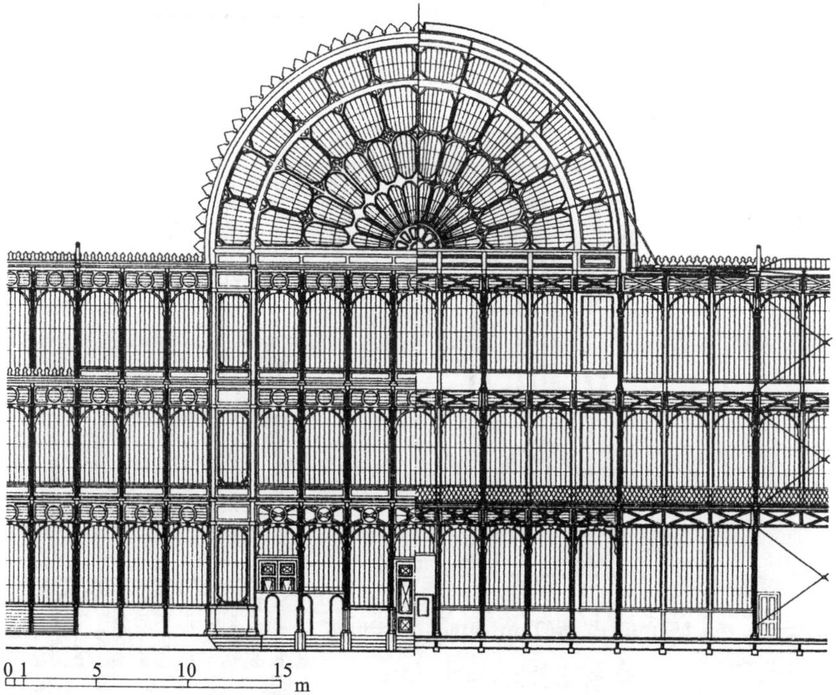

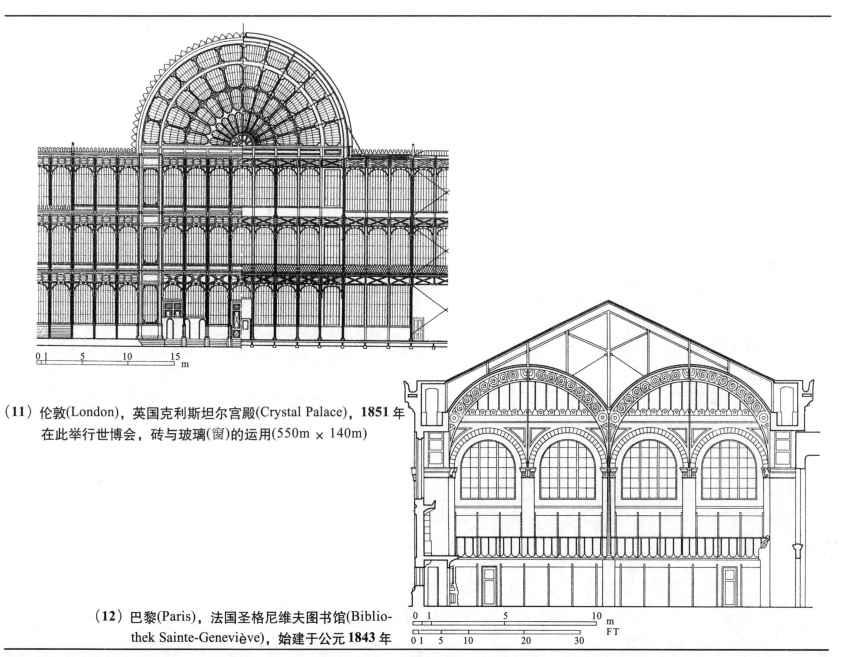

（11）伦敦(London)，英国克利斯坦尔宫殿(Crystal Palace)，**1851** 年在此举行世博会，砖与玻璃(窗)的运用(550m × 140m)

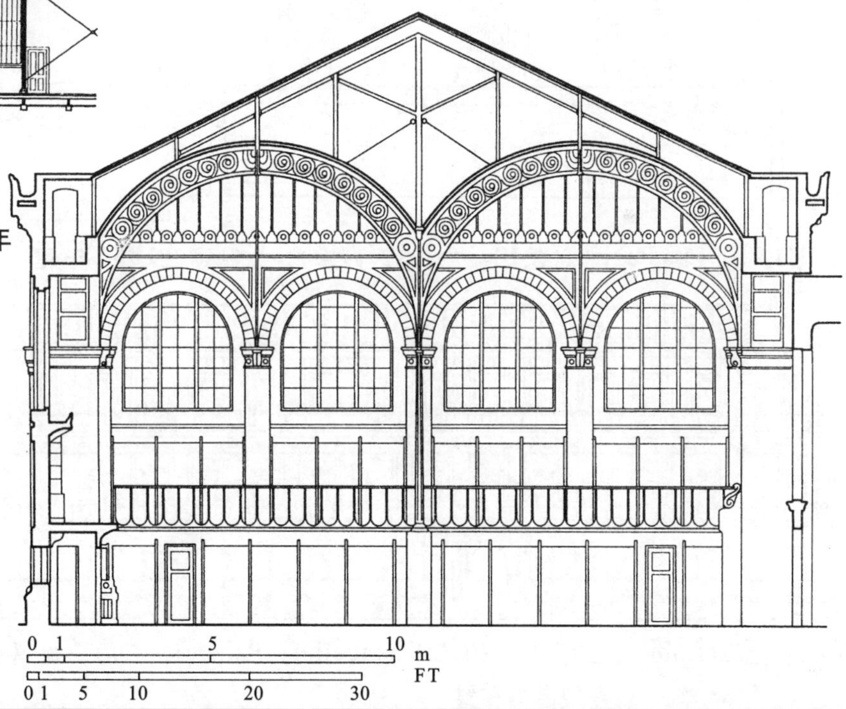

（**12**）巴黎(Paris)，法国圣格尼维夫图书馆(Bibliothek Sainte-Geneviève)，始建于公元 **1843** 年

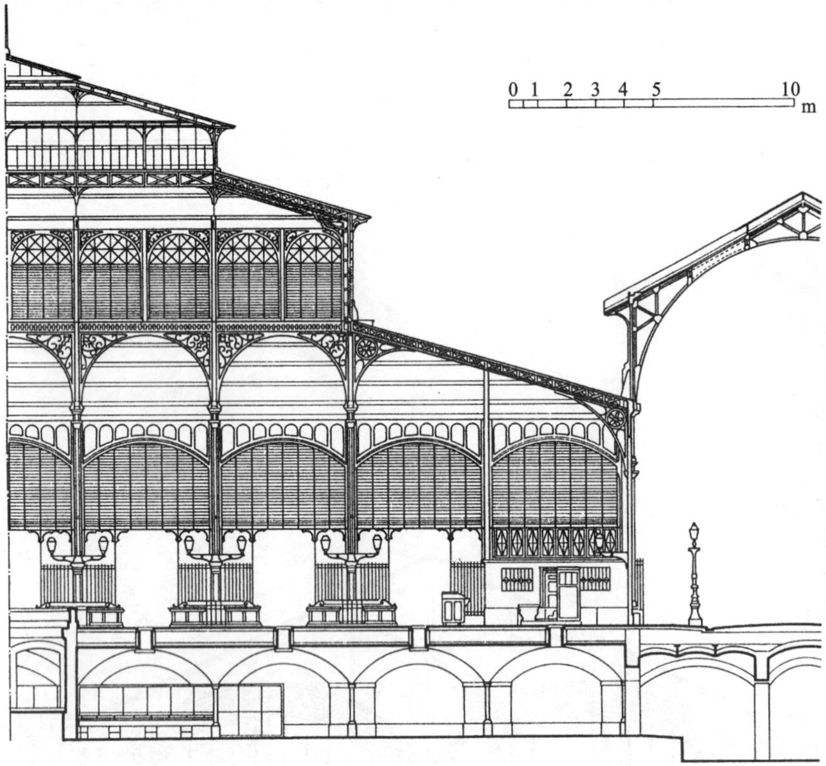

（13）巴黎(Paris)，法国，中央厅(宫殿)，铁制窗，**1851** 年建

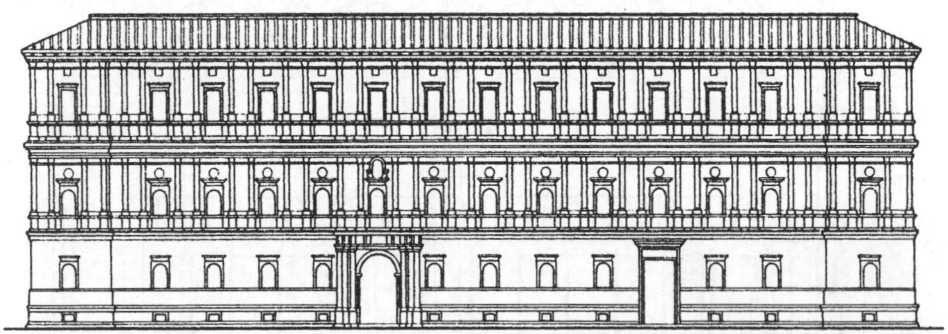

（14）罗马(Rome)，意大利，府邸(Chancellery Palace)，三层，始建于公元 **1483** 年， 规整型窗格布置

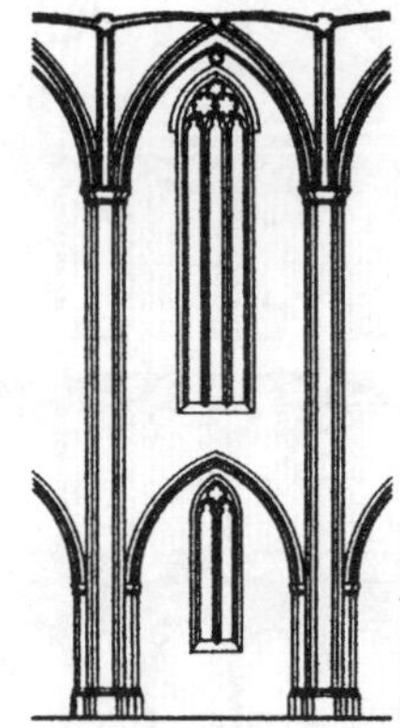

（**15**）图卢兹(Toulouse)，法国，雅各比教堂(Jacobin church)，始建于公元 **1260** 年，支柱“架间”内，布置拱圈窗

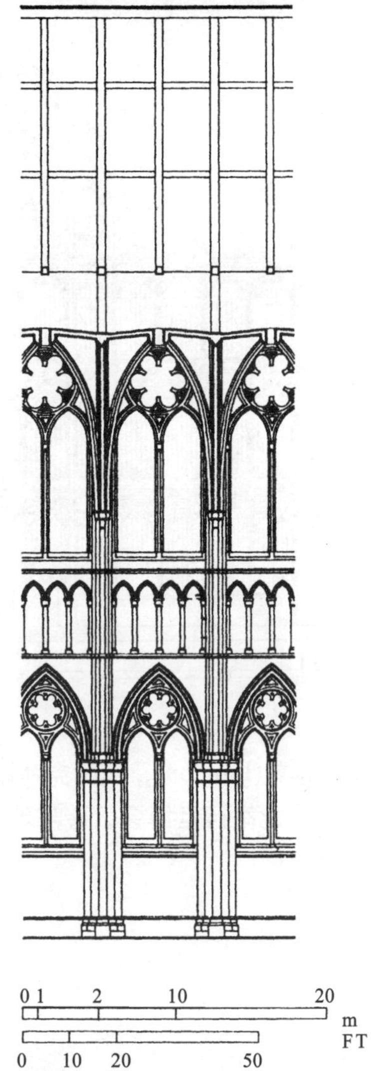

（**16**）兰斯(Reims)，法国，圣母院(Cathedral ot Notre-Dame)，始建于公元 **1211** 年(7.2m 支柱“架间”，内布置拱圈窗)

4 人与窗之间的亲和性

— 窗前活动

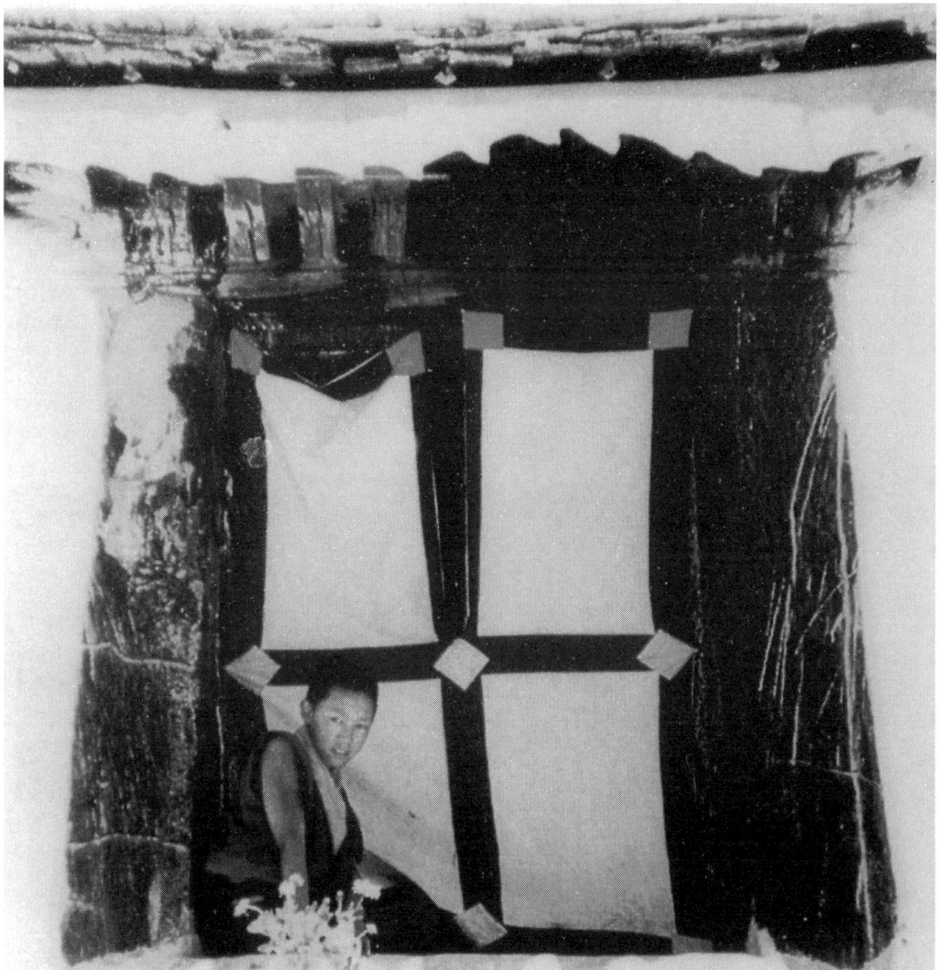

（1）西藏，哲蚌寺，小喇嘛倚窗而坐

（2）北京，恭王府花园(1779 年建)窗前用餐(最佳位置)

（3）格尔木，向活佛拜年的村民

（4）旅游之余，靠窗看书、休闲

（5）格尔木，夏日东活佛向佛教徒摸头祝福

（6）歙县，渔梁古镇，民居，窗前用餐

（7）上海，“老仓库”——艺术家的天堂　窗前观景出灵感

（9）卡昂(法国)，窗前音乐

（8）德里(印度)，窗前观赏静坐

（10）黄姚(广西)，民居窗前

（11）苏州(江苏)，清晨，老人们坐在河畔的茶馆靠窗处，饮香茶、听鸟鸣、观河景

（12）马耳他，每个周日举行节日庆典，嬷嬷们在窗前

（14）丽江古城的宝山石城，景窗前的学生们

（13）上海，南市区(即称老城厢)民居景窗，有鸟笼、盆花，这位退休老人乐在其中

（15）英国，科温特花园，中心地(19 世纪建)，玻璃天窗下的表演

5 几何图形的建筑外墙与窗户布置的有机组合

几何图形的建筑外墙与窗户布置的有机组合

（1）纽伦堡(Nüremburg)，德国

（2）安兹巴赫(Ansbach)，德国

6 建筑外墙整洁美化，即对窗户布置产生良好的整体效果

建筑外墙整洁美化，即对窗户布置产生良好的整体效果

(1) 波恩(Bonn)，德国

(2) 慕尼墨(München)，德国

(3) 安兹巴赫(Ansbach)，德国

（4）安兹巴赫(Ansbach)，德国，窗台绿化

（5）安兹巴赫(Ansbach)，德国

7 “雕刻式”的窗户设计与布置

“雕刻式”的窗户设计与布置

（1）威斯康星(Wisconsin)，美国

（2）鲁尔(Ruhr)，德国

（3）巴黎(Paris)，法国

8 天窗的设计与布置

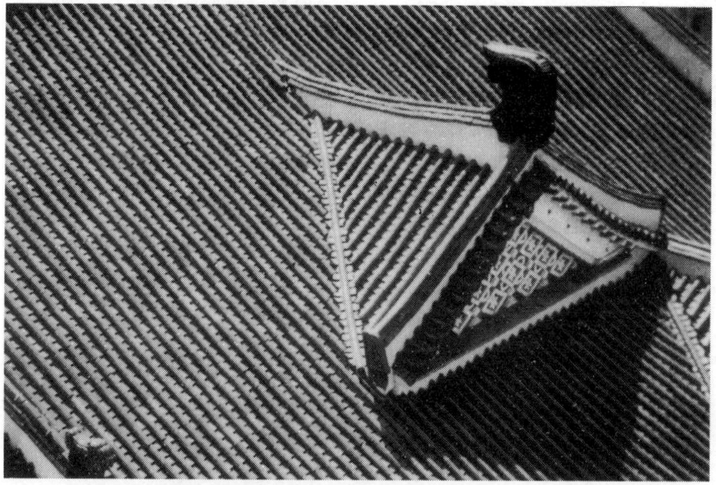

（1）歇山式青瓦屋顶天窗，中国

（3）德国

（2）德国

（4）安兹巴赫(Ansbach)，德国

（5）慕尼墨(München)，德国

（6）慕尼墨(München)，德国

（7）慕尼墨(München)，德国

（8）日本

（10）弗顿堡(Freiburg)，德国

（9）慕尼墨(München)，德国

（11）慕尼墨(München)，德国

9 斜式窗户设计与布置和密封防水问题

斜式窗户设计与布置和密封防水问题

（1）天津，滨江大厦，底层商场的斜式窗户布置

（2）斜式天窗

（3）斜式屋面窗

（5）斜式屋面窗

（4）斜式屋面窗

（6）图右侧，斜式窗(坡)

10 城(堡)窗的形式与风格

城（堡）窗的形式与风格

（1）英国，温泽(Windsor)城堡,(1000 年历史)，猫儿窗

（2）法国，昂热(Angers)，城堡(Château)，建于1214年，猫儿窗

（3）姬路(Himeji)，
日本，埃格雷特
(Egret)城堡窗式样

（4）法国，布鲁日，老墙
城门之窗式样

（5）德国，马克斯古堡

（6）希腊，克里特岛，克诺索斯城堡遗址，猫儿窗

（7）迈阿曼(near Amman)，卡斯·卡拉纳(Kasr Kharana)城堡猫儿窗(Fortress)，始建于公元7世纪，有人认为是宫殿(Palace)，说法不定

（8）罗马(Rome)，意大利，罗马城南，波塔·亚皮亚城堡窗户布置，建于公元270年

（9）巴格达(Baghdad)，伊拉克，巴·阿尔-瓦斯塔尼(Bab al-Wastani)城(堡)窗

11 寺庙建筑窗的形式与风格

（1）天津，大悲院(1669 年建)(*a*)、(*d*)

(*a*)

(*b*)

（2）石雕，可视为盲窗，石雕式样及风格，完全供窗格式样设计时参考

(*a*)

(*b*)

（3）天津，天后宫，又称天妃宫，娘娘庙创建于元代(*a*)、(*b*)、(*c*)

(*a*)

(*b*)

(*c*)

（4）天津，文庙（1436年建）

（5）北京，潭柘寺，1600年历史，窗前石鱼，50kg重，长1m，含铜的石块雕成

（6）西安，陕西省大雁塔，建于唐 7 世纪，对称型建筑外形，居中布置窗户

（7）承德，河北省普陀宗乘之庙，建于公元 1771 年，占地 $22hm^2$，图为大红台外部窗户，其中设佛龛(内设琉璃无量寿佛六尊)

（8）承德，河北省，避暑山庄，
澹泊敬诚殿称“楠木殿”

（9）吴哥古迹，柬埔寨，
景窗一角

（10）吴哥寺窗，
柬埔寨

（11）罗马，意大利，
万神庙(Pantheon)，
罗图达(Rotunda)
主殿屋顶天窗，建于
公元前25年

（12）越南，西贡，高台
教寺庙，彩色窗

12 教堂建筑窗的形式与风格

教堂建筑窗的形式与风格

（1）天津，老西开教堂(即法国式教堂)，建于 1913 年(*a*)~(*e*)

(*a*)

(*b*) 半圆形拱窗

(*c*)

(*d*)

（2）天津，天津修院(又称望海楼教堂)，
建于1869年(*a*)~(*e*)

(*e*)

(*a*)

(*b*)

(*c*) 尖顶拱形窗

(*d*)

(*e*)

（3）布拉格 （Prague)，捷克，圣·维图斯大教堂 (Cathedral of St.Vitus)，公元1344年建

（4）圣保罗大教堂 (Saint Paul’s Cathedral) 一角处，英国，窗与雕塑交替布置 (长200m，1666年建)

（5）沃尔姆斯大教堂（Worms），德国，建于公元7世纪，尖拱长窗式样

（6）拉文纳(Ravenna)，意大利，圣·维塔尔教堂(San Vitale)，公元6世纪建，相同的窗格形式，富有变化的建筑外形

（7）鲁昂(Rouen)，法国，大教堂，建于1892年

（**8**）布拉格(Prague)，捷克，圣·尼乔拉斯教堂(Saint Nicholas)，始建于**17**世纪（*a*)、(*b*)

(*a*) 木窗

(*b*) 窗格上的装饰

（10）维斯(Wies)修道院，奥地利，
始建于公元 **1655** 年

（9）耶路撒冷(Jerusalem)，岩石穹窿顶(Dome of the Rock)
之窗式样，建于公元 **690** 年

（11）都灵，意大利，圣洛伦索大教堂
(S.Lorenzo)圆屋顶天窗

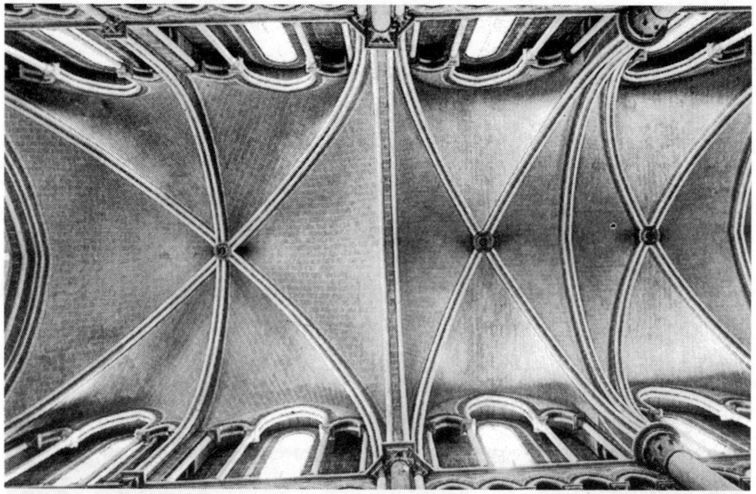

（12）劳桑思大教堂(Lausanne)，瑞士，建于13世纪天窗一角

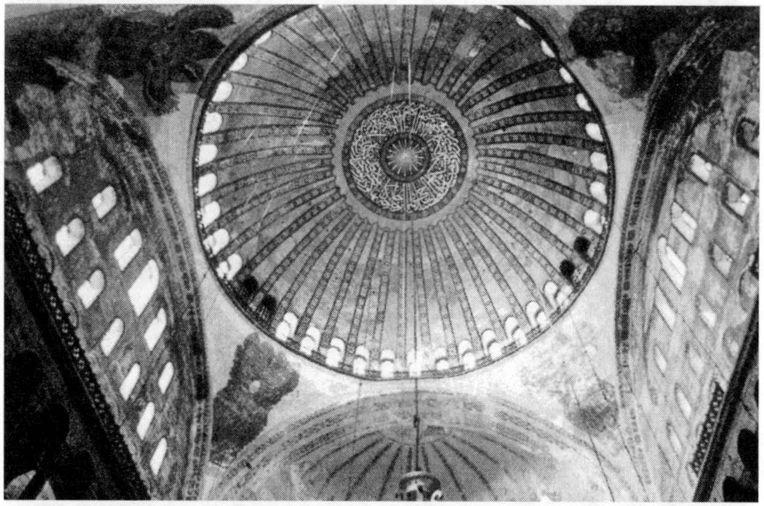

（13）罗马，意大利，康斯坦丁诺皮尔，哈吉亚·索菲亚大教堂(Hagia Sophia)圆屋顶(直径31m)天窗，建于公元532年，属特拉尔斯·阿德米乌斯(An the mius of Tralles)统治时期

（14）佛罗伦萨，意大利，佛罗伦萨大教堂，又称圣母玛利亚教堂，圆屋顶上的天窗

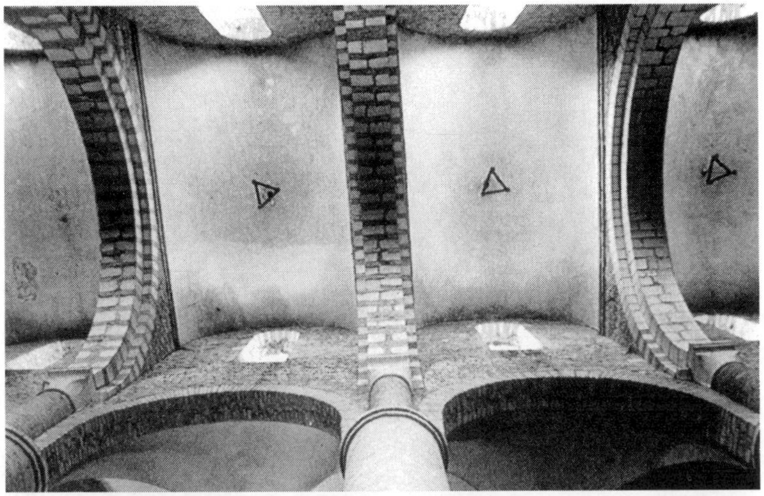

（15）罗马，意大利，图尔诺斯(Tournus)，圣·弗利比斯(St.Philibert)修道院教堂，建于公元1019年，采用横向筒形拱的天窗

（16）巴西，巴西利亚(Brasilia)，大教堂(Cathedral)，玻璃天窗，建于公元1956年

（17）天津，仓门口教堂

（18）巴黎(Paris)，法国，圣·丹尼大教堂(Abbatialede Saint-Denis)，1137年建，穹窿29m(直径)

（19）特罗姆瑟，挪威，现代教堂

（20）耶路撒冷，多弥菲维教会

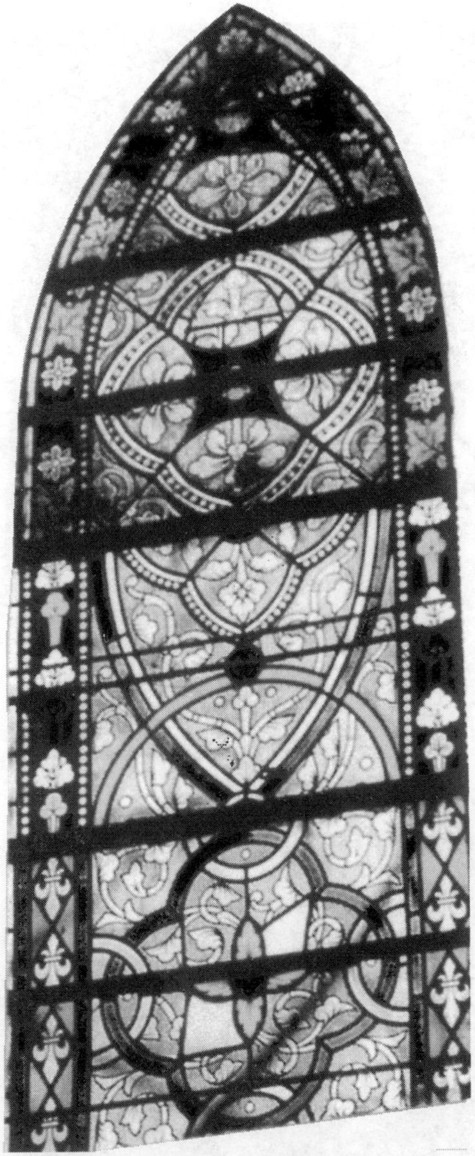

（21）北京，东堂，彩画窗

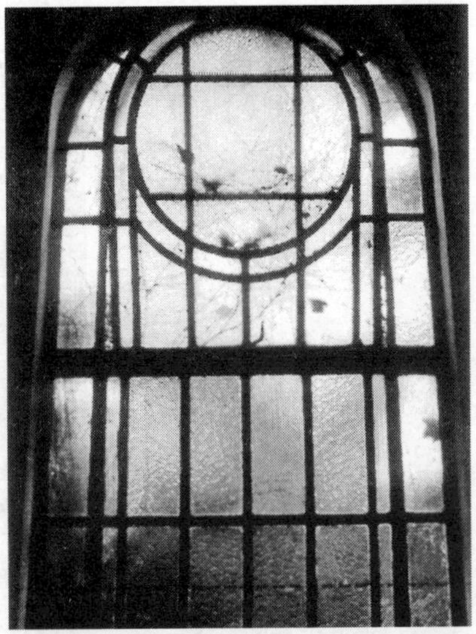

（22）上海，犹太圣经中的文书画馆

（24）圣米歇尔小教堂，法国

（23）特鲁瓦，耶稣教堂彩画窗

（25）纽伦堡，德国，教堂

（26）汉堡，德国，教堂

（27）慕尼黑(München)，德国，圣母玛利亚教堂上窗户

（28）青岛，市中心教堂窗户布置

（29）奥维勒村庄的小教堂

（30）奥德(Aude)，法国，修道院(Abbaye)，景窗

（31）丰特内苏布瓦(Fontenay-Sous-Bois)，法国，修道院(Abbaye)，建于公元1118年

（32）佛罗伦萨(Florence)，意大利，圣·其瓦尼大教堂(San Giovanni)，建于公元11世纪

（33）维埃纳(Vienne)，法国，老教堂，
建于公元12世纪

（34）罗姆西(Romsey)，英国，
罗姆西修道院，建于公元
1120年

（35）布伦斯威克(Brunswick)，美国，
大教堂，建于公元1896年，彩窗

（36）西班牙，萨拉玛奎老教堂(Salamanque,ancienne Cathédrale)，建于公元**1150**年

(*a*)

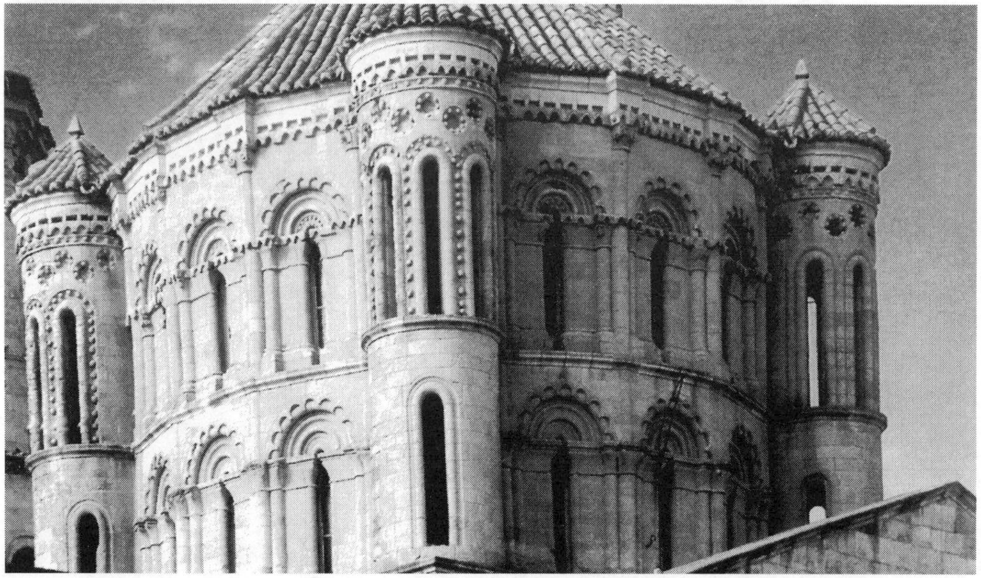

(*b*)

（37）西班牙，托洛(Toro)(萨莫拉省(Zamora)),圣母玛利亚教堂(Santa Mariá)，建于公元**1160**年(*a*)、(*b*)

（38）比利时，林堡(Limbourg)大教堂，建于公元 **1215** 年

（**39**）杰里科(Jerichow)，
大教堂(Cathé drale)，
建于公元 **1144** 年

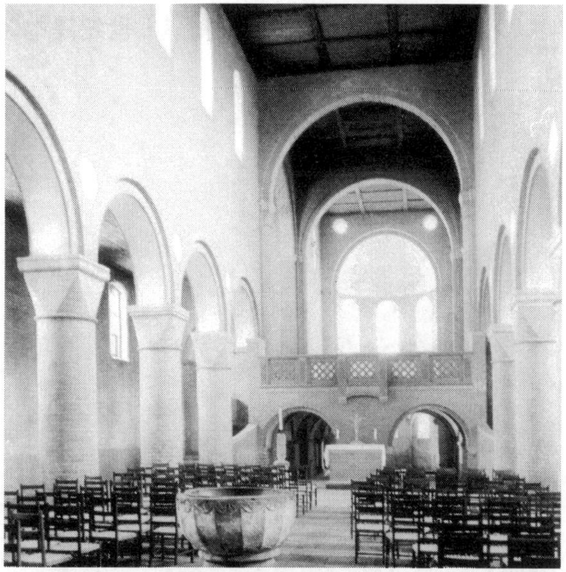

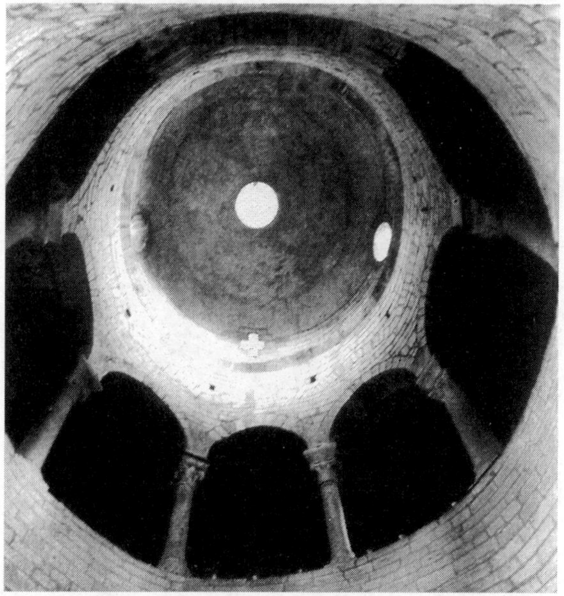

（**40**）伦巴第(Lombardie)，
意大利，圣·托玛托
(San Tomato)教堂内殿
圆穹窿天窗，建于公
元 **12** 世纪

（41）罗马(Rome)，意大利，11 世纪建的教堂建筑窗(*a*)、(*b*)、(*c*)

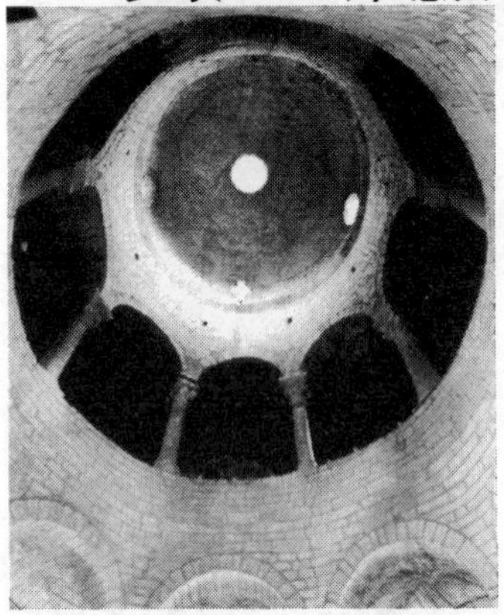

(*a*) 天窗

(*b*)

(*c*)

（42）玛利亚 · 拉切(Maria Laach)，教堂修道院，建于公元 1156 年

（43）科隆(Köln),德国圣 · 玛利亚教堂(Sainte-Marie-du-Capitole)，建于公元 1049 年

(44) 夏朗德滨海省(Charente-Maritime)，法国，桑特(Saintes)，圣·玛利亚(Sainte-Marie)老修道院

(45) 罗马(Roman)风格的建筑窗(12 世纪)，(*a*)、(*b*)

(*a*)

(*b*)

（46）佛罗伦萨(Florence)，意大利，圣·米尼托教堂(San Miniato)，建于公元12世纪，盲窗

（47）尼德尔蔡尔(Niederzell)，圣·皮雷(Saints-Pierre)教堂，建于公元1120年

(*a*)

(*b*)

（48）拉文纳(Ravenna)，意大利，
圣·维塔尔(San Vitale)，建于
公元6世纪(*a*)、(*b*)

(49) 英国，达勒姆(Durham)蒙克韦尔莫特(Monkwearmouth)，(*a*)、(*b*)，建于公元7世纪

(*a*)

(*b*)

(50) 拉文纳(Ravenna)，意大利，圣·维塔尔(San Vitale)，建于公元6世纪

（51）普瓦蒂埃(Poitiers)，法国，圣·耶思教堂(Saint-Jean)，建于公元7世纪(*a*)、(*b*)

(*a*) 建筑物上部的圆窗；(*b*) 西南墙上的圆窗

(*a*)

(*b*)

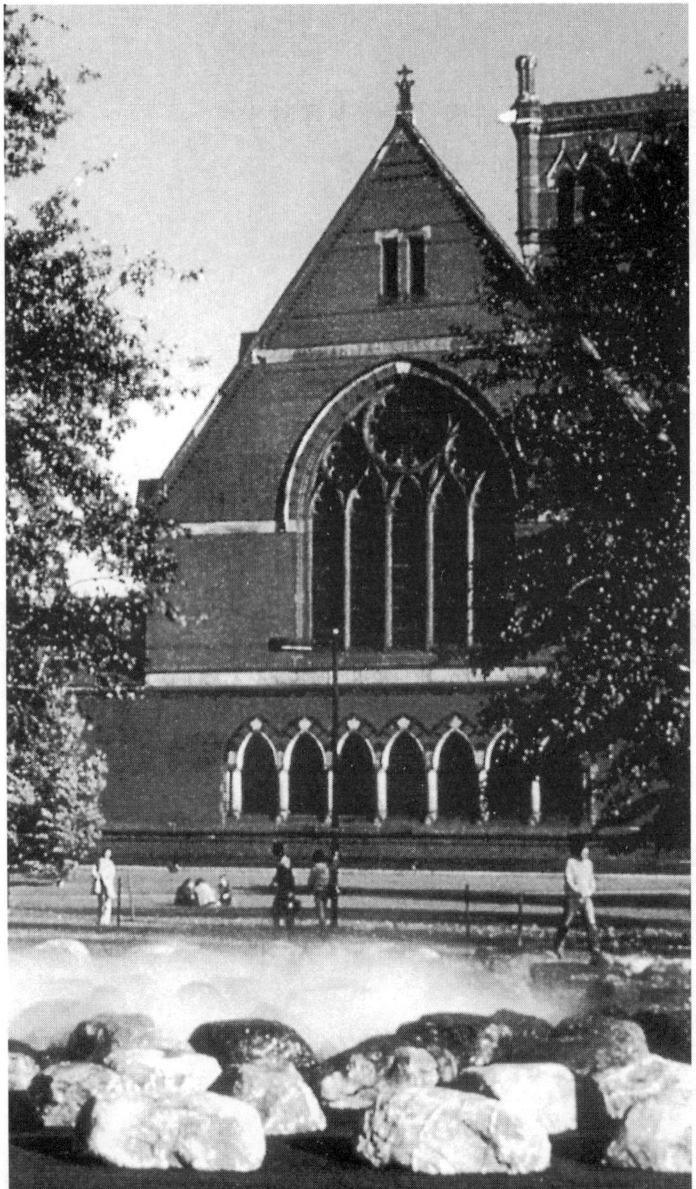

（53）罗马(Rome)，意大利，圣·沙宾亚
(Santa Sabina)教堂，建于公元 422 年

（52）坎布里奇（Cambridge）主教堂，美国

（54）特里尔(Trier)，德国，奥拉·派拉蒂拉教堂(Aula Palatina)长 **70m**，宽 **27m**(*a*)、(*b*)

(*a*)

(*b*)

（55）卢瓦尔(Loire)，法国，教堂塔楼内天窗，建于公元 **806** 年

（56）霍克斯特(Höxter)，德国，教堂，
建于公元 **873** 年

（57）特鲁瓦(Troyes)，法国，圣・乌尔巴思(Saint-Urbain)，学院教堂(The collegiate church)始建于公元 **1262** 年(*a*)~(*d*)

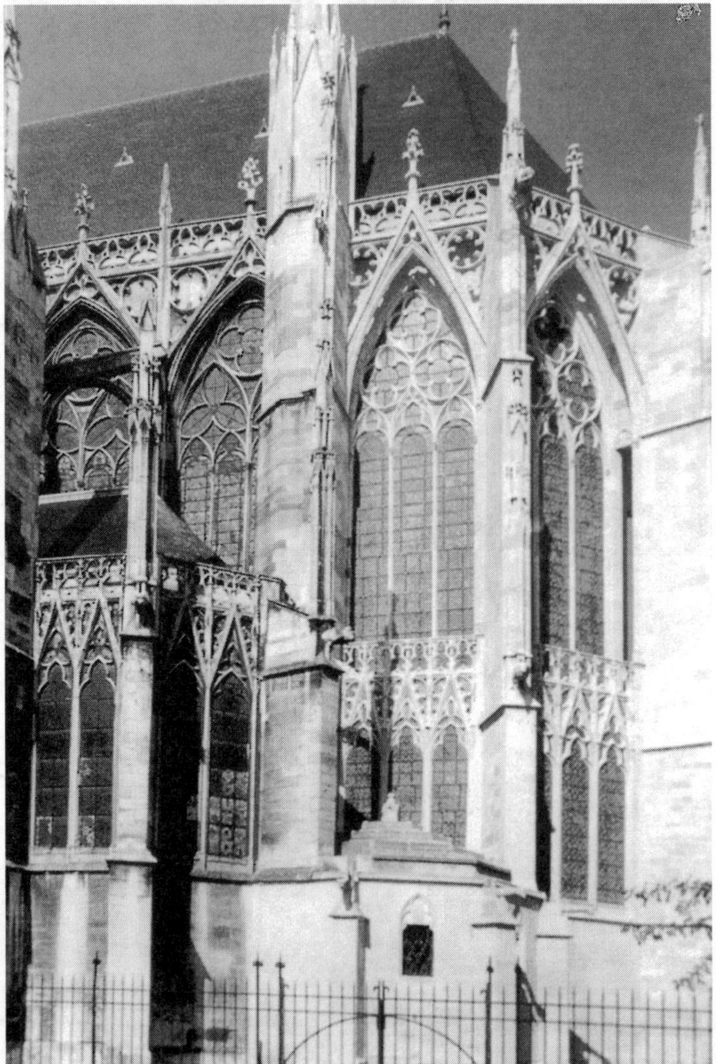

(*a*)

(b)

(c)

(d)

(*a*)

(*b*)

(*c*)

（58）苏瓦松(Soissons)，法国，苏瓦松教堂(Cathedral)，始建于公元1176年(*a*)~(*d*)

(*a*) 二层教堂；
(*b*) 教堂中心点；
(*c*) 穹窿顶的照明天窗部分；
(*d*) 内殿礼拜堂

(*d*)

（59）兰斯(Reims)，法国，兰斯大教堂西立面窗饰

（60）巴黎(Paris)，法国,圣母教堂(Notre-Dame)，建于公元 1163 年(*a*)~(*d*)

(*a*) 上玫瑰窗(Rose Windows); (*b*) 正中的玫瑰窗(直径 13m); (*c*) 北侧彩画的玫瑰窗(Rose Windows); (*d*) 南侧玫瑰窗(Rose Windows)

(*a*)

(*b*)

(*c*)

(*d*)

（61）施特拉斯堡(Strasbourg)，法国，施特拉斯堡大教堂(Minster)，壁盲窗，始建于公元 **1240** 年

（62）罗马(Rome)，意大利，圣母玛利亚(Santa Maria)教堂主殿天窗

（63）桑利斯(Senlis)，法国，桑利斯大教堂，建于公元 **1168** 年，哥特式建筑(Gothic architecture)，教堂内殿

（64）圣但尼(Saint-Denis)，法国，皇帝葬仪教堂(The toyal mortnaky church)，建于公元 **1135** 年

（65）巴黎(Paris)，法国，圣·格尔米尔修道院教堂 (Saint-Germer)(*a*)、(*b*)

(*a*)

(*b*)

（66）利奇菲尔德(Lichfield)，英国，
高侧窗(clerestory window)

（67）兰斯(Reins)，法国，大教堂
(Cathedral)，始建于公元 1210 年

（68）布尔日(Bourges)，
法国，圣·埃幕尼
大教堂(Saint-E' tienne)
始建于公元1195年(*a*)~(*d*)

(*c*)、(*d*)彩色玻璃窗

(*a*)

(*b*)

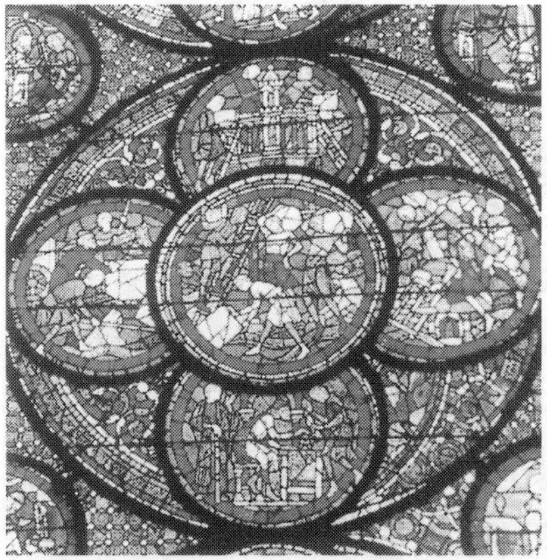

(*c*)

(*d*)

（69）拉昂(Laon)，法国，拉昂大教堂，建于公元 1180 年(*a*)、(*b*)、(*c*)

(*a*) 八角肋拱穹窿顶；(*b*) 长圆拱顶窗；(*c*) 北窗户

(*a*)

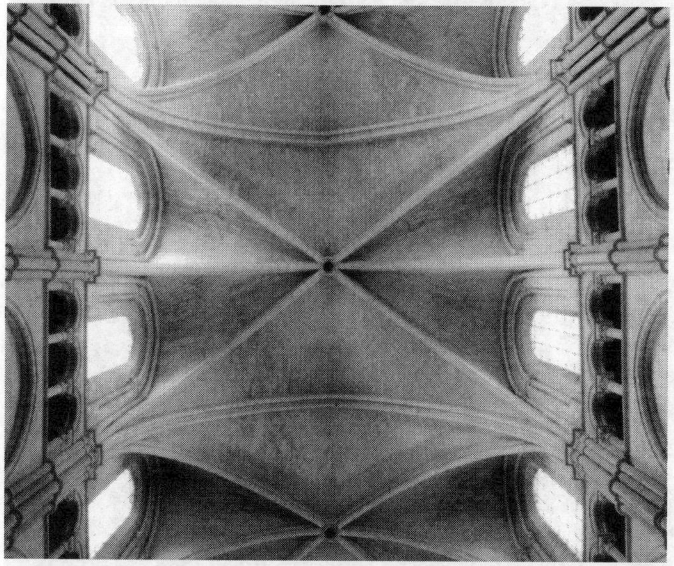

(*b*)

(*c*)

（70）桑(Sens)，法国，圣·埃蒂尼大教堂(Saint-Etienne)，始建于公元 **1500** 年，南向大玫瑰窗

（71）巴黎(Paris)，法国，马思河畔夏龙(Chalons-sur-Marne)沃克斯(Vaux)，圣母教堂(Notre-Dame)始建于公元 **1183** 年

（72）科隆(Köln)，德国，科隆大教堂，始建于公元 **1300** 年，尖拱券窗加彩色花窗格

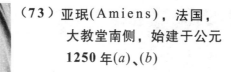

（73）亚珉(Amiens)，法国，大教堂南侧，始建于公元 1250 年(*a*)、(*b*)

(*a*) 玻璃窗；(*b*) 尖拱券窗

(*a*)

(*b*)

（74）苏瓦松(Soissons)，法国，大教堂北侧，建于公元 1300 年(*a*)、(*b*)

(*a*) 整体; (*b*) 上部玫瑰窗

(*a*)

(*b*)

（**75**）博韦(Beauvais)，法国，圣·格尔米尔大教堂(Saint-Germer)始建于公元**1259**年(*a*)、(*b*)

(*a*) 窗饰

(*b*) 玫瑰花窗格

（76）玫瑰窗(*a*)~(*d*)

(*a*) 夏尔特尔(Chartres)，法国大教堂，1210 年建（西侧前）

(*b*) 夏尔特尔大教堂，法国 1225 年建（南侧）

(*c*) 兰斯(Reims)，法国，大教堂始建于公元 1230 年

(*d*) 拉昂(Laon)，法国大教堂，1200 年建

（77）努瓦荣(Noyon),法国，高侧窗，建于公元 **1230** 年

(*a*)

(*b*)

（78）圣但尼(Saint-Denis)，法国，彩画玻璃窗，始建于公元 **1140** 年(*a*)、(*b*)

（79）科隆(Köln)，德国，圣·其雷昂十角形教堂(The decagon of St.Gereon)，始建于公元 **1219** 年

（80）夏尔特尔(Chartres)，法国，夏尔特尔大教堂，始建于公元 **1194** 年

（81） 迈瓦兹(Oise)的枫丹(Fontaine)，夏利斯(Chaalis)，西斯特教团修道院(Cistercian monastery)，始建于公元 **13** 世纪(*a*)、(*b*)

(*a*) 哥特式建筑的花窗格

(*b*) 内殿花窗格

（**82**）里昂(León)，法国，里昂大教堂，始建于公元**1255**年(*a*)、(*b*)

(*a*)

(*b*)

（83）科隆(Köln)，德国，科隆大教堂，始建于公元 1300 年(*a*)、(*b*)、(*c*)

(*a*)

(*b*)

(*c*)

（84）查林(Chorin)，英国，西斯特教团修道院教堂(Cistercian abbey church)，砖材＋窗户立面，始建于公元 **1273** 年

（85）马尔堡(Marburg)，德国，马尔堡教堂，始建于公元 **1235** 年

(**86**) **约克(York)，英国，约克大教堂，1234年建**(*a*)、(*b*)

(*a*)大教堂北窗

(*b*)唱诗班窗户

（87）威斯敏斯特(Westminster)，英国，为帝王用的修道院教堂(Built for a King)，建于公元 1245 年(*a*)、(*b*)

(*a*)

(*b*)

（88）林肯(Lincoln)，英国，大教堂，始建于公元 1220 年

（89）韦尔斯(Wells)，英国，大教堂，建于公元 1290 年，珍贵的华饰加尖拱券式窗

（90）莫斯科(Moscow)，俄罗斯，莫斯科大教堂

13 清真寺建筑窗的形式与风格

（1）天津，西宁道清真寺(*a*)、(*b*)

(*a*)

(*b*)

（2）科尔多瓦大清真寺

阿拉伯 - 伊斯兰的雕刻常采用几何图形及豪华装饰

（3）土耳其，伊斯坦布尔蓝色清真寺(*a*)、(*b*)

(*a*)

(*b*)

（4）耶路撒冷(Jerusalem)，蒙特老清真寺(Ancient Temple Mount)即阿尔·阿克沙清真寺(al-Aksa mosque)，建于公元**687**年(*a*)、(*b*)、(*c*)

(*a*)盲窗加墙面装饰

(*b*)盲窗下部的墙面(几何图形)装饰

(*c*)多色玻璃窗

（5）开罗(Cairo)，埃及，图隆大清真寺(Tulun' s Great Mosque)，始建于公元 **1296** 年

（6）凯鲁万(Kairouan)，突尼斯，阿格拉皮德大清真寺(Aghlabid Mosque)，建于公元 **836** 年

(*a*)窗与墙饰

（7）西班牙，科尔多瓦(Coroloba)大清真寺(Great Mosque)，始建于公元**755**年(*a*)、(*b*)、(*c*)

(*b*)窗详图之一

(*c*)窗详图之二

(*b*)天窗

(*a*)窗加墙饰

（8）大马士革(Damascus)**，叙利亚，乌玛耶德大清真寺**(The Great Mosque of Umayyads) (*a*)、(*b*)

（9）天津，三义庄清真寺，内院窗群

（10）塞尔丘克(Selcuks)，土耳其，清真寺祈祷厅的窗户

（11）吉隆坡，马来西亚，(Kuala Lumpur)国家清真寺

（12）布尔萨 (Bursa)，土耳其，蒙拉脱·派沙清真寺内殿 (Murat Pasa)，始建于公元 **1426** 年

（13）布尔萨 (Bursa)，土耳其，耶西尔·卡姆尼 (Yesil Camii)，清真寺祈祷大厅天窗，建于公元 **1419** 年

（14）埃迪尔内 (Edirne)，土耳其，拜耶其脱Ⅱ世王清真寺，祈祷大厅，建于公元 **15** 世纪 (穹窿屋顶直径 23m)

（**15**）伊斯坦布尔(Istanbul)，土耳其，索利曼尼耶 (Süleymaniye) 清真寺，建于公元 **1550** 年 (*a*)、(*b*)

(*a*)

(*b*)

（**16**）伊斯坦布尔 (Istanbul)，土耳其，肯利克·阿利·派沙·卡米清真寺 (Kilic Ali Pase Camii)，始建于公元 **1582** 年 (*a*)、(*b*)、(*c*)

(*a*)

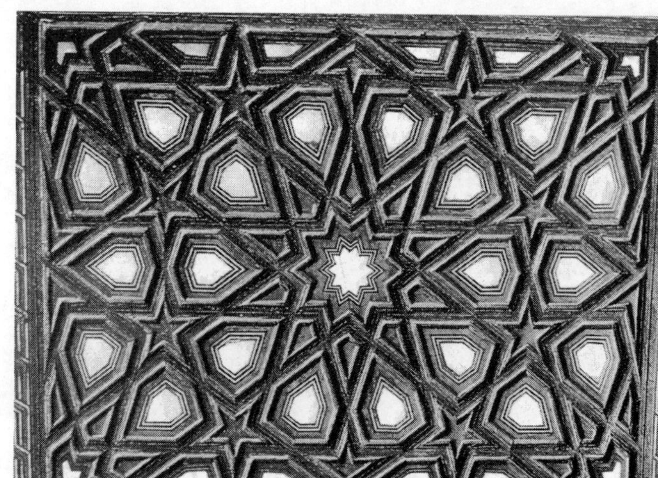

(*b*)

(*c*)

（17）伊斯坦布尔(Istanbul)，土耳其，沙科鲁王(Sokollu)，米米脱·派沙·卡米(Mehmet Pasa Camii)清真寺，中世纪建筑内祈祷大殿——彩色窗与彩色墙的组合

（18）锡南(Sinan)，土耳其，奥托曼(Ottoman)清真寺，1557年建，墙窗

（19）伊斯坦布尔(Istanbul)，土耳其，米利玛·卡米(Mihrimah Camii)清真寺，中世纪建筑(*a*)、(*b*)

（20）于斯屈达尔(Uskudar)，土耳其，最早的清真寺(中世纪建筑，1566年)华丽又灿烂的彩画玻璃

(*a*)内祈祷大殿

(*b*)盲窗，类似于峭壁的立面(cliff-face)

（21）伊斯坦布尔(Istanbul)，土耳其，索利曼尼耶清真寺，中世纪建筑，祈祷大厅内的穹窿天窗

（22）伊斯坦布尔(Istanbul)，土耳其，哈其亚·索费亚清真寺，中世纪建筑，4个半圆形屋顶支撑中央穹窿顶，一个明亮的内殿

（23）伊斯坦布尔(Istanbul)，土耳其，哈其亚·索费亚清真寺，穹窿天窗，中世纪建筑

（24）伊斯坦布尔(Istanbul)，土耳其，索利曼尼耶(Süleymaniye)清真寺，中世纪建筑
巴西利卡(Basilican Space)大厅（索利曼尼耶王的清真寺的典范）

（26）伊斯坦布尔(Istanbul)，土耳其，哈其亚·索费亚清真寺，中世纪建筑

（25）伊斯坦布尔(Istanbul)，土耳其，拜耶其脱·卡米清真寺，内殿穹窿顶天窗，建于公元 **1501** 年

（27）伊斯坦布尔(Istanbul)，土耳其，索利曼尼耶(Süleymaniye)清真寺祈祷厅天窗，欧洲中世纪建筑，一个天启宗教的建筑(任何宗教信仰，对神的重拜)

（28）伊斯坦布尔(Istanbul)，土耳其，索尔塔·阿米脱·卡米清真寺，建于公元 **1550** 年
奥托曼王时期的典范作品

（29）伊斯坦布尔(Istanbul)，土耳其，索利曼(Süleyman)清真寺，建于公元 **1543** 年

(*a*)

（30）阿拉拉特山山脚(AraratMt.)，土耳其，(与伊朗交接处)，利斯哈克·派沙·沙拉伊清真寺，17世纪末建(*a*)、(*b*)

(*b*)

（31）伊斯坦布尔(Istanbul)，土耳其，努斯雷蒂耶·卡米清真寺(Nusretiye Camii)始建于公元1823年(*a*)、(*b*)、(*c*)

(*a*)穹窿顶的祈祷大殿　上部

(*b*)穹窿顶的祈祷大厅

(*c*)祈祷大厅的顶部

14 宫殿建筑窗的形式与风格

（1）曼图亚(Mantua)宫殿，意大利，建于公元 14 世纪

（2）汉普顿(Hampton)宫殿，英国，1529 年建

(*a*)主窗

(*b*)群窗

（3）意大利，威尼斯(Venice)，多格宫殿(Dage's Palace) (*a*)、(*b*)

（4）意大利，佛罗伦萨(Florence)，米蒂西 - 利卡尔蒂宫殿(Medici-Riccardi)，建于公元 15 世纪

（5）圣彼得堡，俄罗斯，宫殿窗式样

（6）波茨坦，珊苏西宫

（7）慕尼黑(München)，德国，水仙皇宫,亭子

（8）圣彼得堡(St. Petersburg)，俄罗斯，**1700** 年建,特沙尔斯科·塞罗宫殿(Tsarskoe Selo)建筑物长 **100m**

（9）弗吉尼亚(Virginia)，美国，蒙蒂西罗(Monticello)宫殿，**18** 世纪建

（10）亚琛(Aachen)，德国，卡尔里玛格皇宫(Palatine Chapel of Charlemagne)，建于公元 **800** 年，景窗

(*a*)

(*b*)

（11）大马士革(Damascus)，叙利亚，阿泽姆宫殿(Azem Palace)，始建于公元**1749**年(*a*)、(*b*)、(*c*)

(*c*)

（12）罗马(Rome)，意大利，尼罗·多蒙斯·奥利亚宫殿主殿天窗，始建于公元 2 世纪

（13）西班牙，萨拉戈萨(Saragossa)，阿尔耶费利耶宫殿，始建于公元 **1147** 年

（14）伊斯坦布尔(Istanbul)，土耳其，巴达脱·科斯科宫殿，建于公元 **1638** 年，蒙拉脱 6 世王建

(*a*)

(*b*)

(*c*)

（15）大马士革(Damascene)，叙利亚，埃米尔·巴西尔Ⅱ世王的夏宫，始建于**1810**年(*a*)、(*b*)、(*c*)

（16）桑(Sens)，法国，皮索普宫殿，始建于公元1235年(*a*)、(*b*)

(*a*)整体(侧面)

(*b*)侧面细部

（17）塞纳河岛上(Seine's Island)，法国，路易十一世王王宫，建于公元1239年

（18）慕尼黑(Mŭnchen)，德国，林德皇宫哥白林卧室西窗户（皇后卧室）

15 园林建筑窗的形式与风格

（1）印度，泰姬陵(Taj Mahal)，栅格与花窗(景窗)的应用

（2）意大利，加尔佐尼庄园(Villa Garzoni)，17世纪建，图为小桥两侧的墙上开有景窗

（3）扬州，江苏省，瘦西湖，湖长 5km

（5）苏州，江苏省，网师园，南宋建(用地 7.5 亩)

（4）苏州，江苏省，耦园，清代建，景窗赏池塘(Pool)

（6）苏州，江苏省，环秀山庄，建于 907 年，占地 $300m^2$，景窗一角

（7）苏州，江苏省，沧浪亭，1041 年建(北宋)，景窗

（9）杭州，浙江省，胡雪岩故居，1872 年，木雕窗 + 彩釉

（8）退思园，1885 年建，景窗一角

（10）杭州，浙江省，郭庄，景窗

（11）扬州，江苏省，二分明月楼，建于唐618年，圆景窗

（12）杭州，浙江省，郭庄，花窗

（13）苏州，江苏省，留园，鸳鸯厅窗

（14）上海，豫园，1559年建，一厅窗格式样

（15）承德，河北省，避暑山庄，澹泊敬诚殿，正宫主殿，清代，这里举行重大庆典。图为四知书屋，清帝更衣休息地方

(*a*)

(*b*)

（16）纽约(New York)，美国，世界财政中心的冬季温室(*a*)、(*b*)

（17）加拿大(Caraca)，C.A.Metro 办公楼的冬季温室

（18）米托植物园(Mito Botanical Park)，温室，水户市(日本)

（19）威尼斯(Venezia)，意大利，亲水空间即观水景空间

16 住宅建筑窗的形式与风格

（1）河内，越南，一民居

（2）巴哈拉赫小镇，德国，一民居

（3）奥比多斯城堡，葡萄牙，窗式样(*a*)、(*b*)、(*c*)、(*d*)

(*a*)

(*b*)

(*c*)

(*d*)

（4）安兹巴赫(Ansbach)，一民居，德国，窗台美化

（6）北京，三里屯，民居

（5）安兹巴赫(Ansbach)，一民居，德国，窗台绿化

（7）普林(Prien)，德国，一别墅

（8）平遥，山西，民居

（10）绍兴，民居

（9）旧金山，美国，民居

（11）苏州，跨河建宅，沿河窗户式样（前房后屋门以小桥相连）

（12）河内，越南，法式住宅

（13）摩洛哥，民居

（14）香槟省小村庄，法国，农舍

（15）帝王谷，埃及，民居

（16）新西兰，民居

（18）汤玉麟旧居，天津，民族路上，1912 年建

(*a*)

(*b*)

（17）李吉甫旧宅，天津，花园路 12 号，1918 年建（*a*)~(*d*)

(*c*)

(*d*)

(*a*)

（19）天津，五大道（马场道、睦南道、大理道、重庆道、成都道），**布满了小洋楼，现保护完好**(*a*)~(*d*)

(*b*)

(*d*)

(*c*)

(*a*)

(*b*)

(*c*)

（20）天津，和平路步行街上的民居（*a*）、（*b*）、（*c*）

（21）慕尼黑（München），德国（*a*）、（*b*）

(*a*) 窗与阳台整体布置

(*b*) 转角窗的布置

(*a*)

(*b*)

（22）上海，老民居

（23）平遥县，山西省，窑洞民居

（24）四合院，北京，靠院一侧开窗形式

（26）泉州市，福建省，蔡浅古民居

（25）鹿特丹，荷兰，沿街住宅窗

（27）阿姆斯特丹，荷兰，运河上的住宅（窗大门小）

（28）魁北克，加拿大，民居

（30）周公馆，上海

（29）老北京胡同，四合院景窗一角

（31）井陉县，河北省，石头村，民居门口旁供土地节的神龛窗

（32）绍兴，民居窗

（34）英国，早期住宅，卧室窗户

（33）青岛，花石楼彩窗

（35）波恩(Bonn)，德国，独户住宅

（36）美国，住宅 (*a*)~(*g*)

(*b*)

(*a*)

(*c*)

(*d*)

(*e*)

(*f*)

(*g*)

（37）瑞典，住宅

(*a*)

（38）德国，住宅（*a*)~(*d*)

(*b*)

(*c*)

(*d*)

(*a*)

(*b*)

（**39**）日本，住宅（*a*)~(*e*)

(*c*)

(*e*)

(*d*)

（40）贵州省，透窗

（41）马耳他，石头建筑窗

（42）西班牙，巴塞罗那，住宅窗

（43）青岛，民居天窗

(*a*) (*b*)

（44）比萨（Pisa），意大利，圣诞节窗景（*a*）、（*b*）

（45）日本，住宅窗户

（46）广州，广东省，西关大屋花窗格

17 规整型（挖洞式）窗户的设计与布置

(*a*)

(*b*)

(*c*)

规整型（挖洞式）**窗户的设计与布置**（典型实例，常被采用）(*a*)、(*b*)、(*c*)

18 大面积玻璃窗在现代建筑中的应用（建筑外形）

格子型的全玻璃窗

竖线条的玻璃窗

横线条的玻璃窗

圆形或弧形的玻璃窗

变化型的玻璃窗

局部镶饰式的玻璃窗

格子型全玻璃窗 $(a)\sim(d)$

(*a*) 上海

(*b*) 天津

(*c*) 汉堡，德国

(*d*) 重庆

竖线条的玻璃窗

(*a*)

(*b*)

（1）上海

(c)

(d)

(e)

(*a*)

(*b*)

（2）法兰克福 (Frankfurt)，德国

(a)

(b)

（3）东京，日本

(c)

横线条的玻璃窗

(*a*)

(*b*)

(*c*)

（1）上海

(*d*)

(*e*)

（2）汉堡，德国

（3）天津

(*a*)

(*b*)

细部 (*a*)

（4）西安，陕西省（*a*)、(*b*)

（5）科隆（Köln），德国

立视图

(*b*)

圆形或弧形的玻璃窗

(*a*)

(*b*)

(*c*)

（1）上海

(*d*)

(*e*)

(*f*)

(g)

(h)

(*a*)

（2）天津

(*b*)

（3）海口

（4）慕尼黑（München），德国

（5）芝加哥（Chicago），美国

变化型的玻璃窗

(a)

(b)

(c)

（1）上海

(*d*)

(*e*)

(*f*)

（3）天津

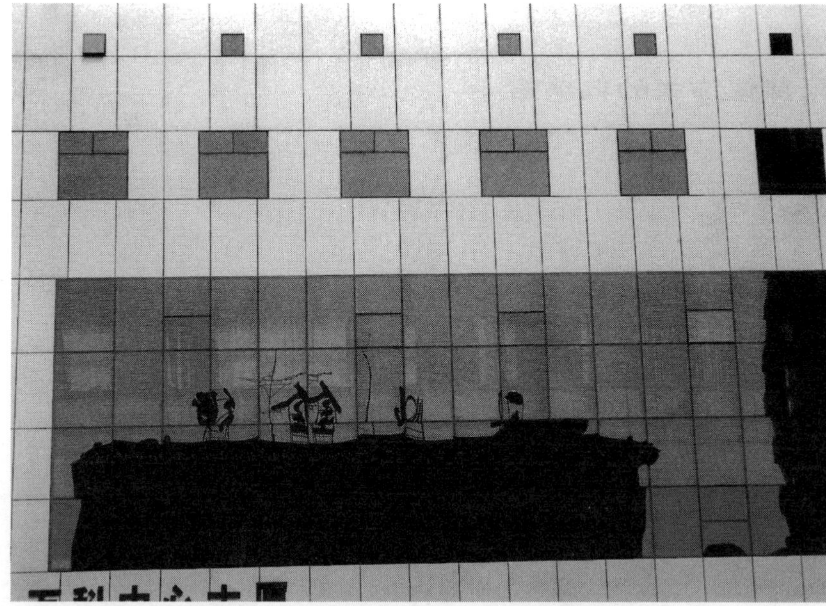

(g)

（2）科隆（Köln），德国

局部镶饰式的玻璃窗

(*a*)

(*b*)

(*c*)

19 现代（或近代）公共建筑窗的形式与风格

办公建筑

展览馆、博物馆、美术馆、图书馆等建筑

学校建筑

商业建筑

体育建筑

银行建筑

交通建筑

医疗建筑

（1）天津，睦南道上，称“睦南府”的办公建筑 (*a*)、(*b*)

(*a*)

(*b*)

（2）天津，科技管理楼

（3）天津，新华社驻天津站

(*a*)

(*b*)

（4）慕尼黑(München)，德国，中环上的办公楼窗格设计(*a*)、(*b*)、(*c*)

(*c*)

（5）达卡（Dhaka)，孟加拉，国家会议中心，**1901** 年建，主入口＋三角形窗＋几何图形的建筑外形，三者有机组合

（6）开罗（Cairo），埃及，埃及总统府

（7）武汉，江汉关（1862 年建）

（8）布鲁塞尔（Brussels），比利时，大广场，母狼之家，17 世纪为办公楼

（9）慕尼黑（München），德国，中轴线（城市主轴线）上的州（巴伐利亚州）办公楼，“挖洞式”规整窗户布置

（10）日本，伊代郡技术部开发总部管理楼

（11）华盛顿 (Washington)，美国，白宫，椭圆形办公室，落地窗

（12）纽约 (Naw York)，美国，古根海姆 (Guggenheim) 美术馆，建于 **1956** 年

（13）慕尼黑 (München)，德国，老绘画馆 (Alte Pinakothek)，展览 **15~16** 世纪绘画作品

（14）慕尼黑（München），德国，巴伐利亚州国家博物馆（*a*）、（*b*）

(*a*)

(*b*)

(a)

(b)

（15）毕加索(Picasso)，法国，博物馆(*a*)、(*b*)

（16）慕尼黑(Mü nchen)，德国，巴伐利亚州国立博物馆

（17）北京图书馆阅览室前厅天窗，北京

（18）伦敦(London)，英国，大英博物馆天窗

（19）罗马(Rome)，意大利，图拉真广场上的图书馆

（1）天津外国语学院，意大利文艺复兴时期的建筑风格(a)~(d)

(a)

(b)

(*d*)

(*c*)

（2）哈尔滨，哈尔滨工业大学

（3）静冈县，日本，清水市，幼儿园三角阳台窗

（4）卡罗来纳(Carolina)，美国，卡罗来纳大学，图书馆

（5）鹿岛县，福山市（广岛），女子高等学校，体育馆

(1) 天津，国际商场(a)、(b)、(c)

(a)

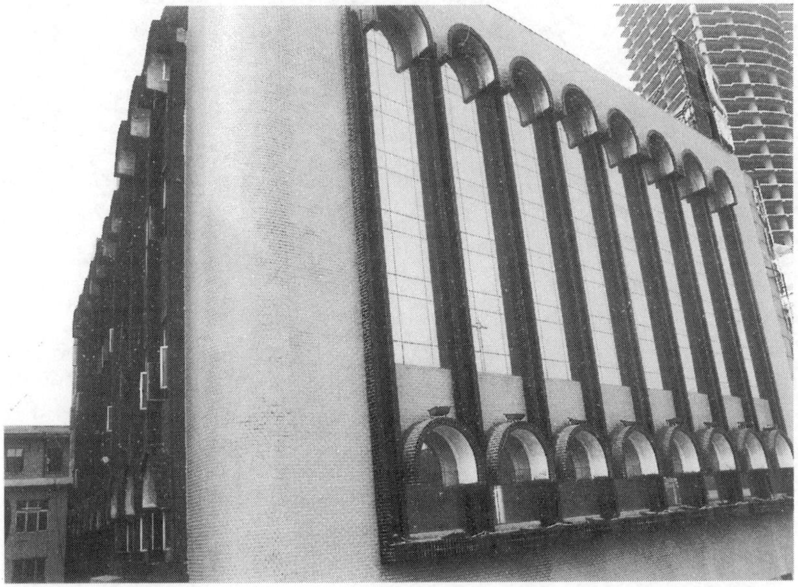

(b)

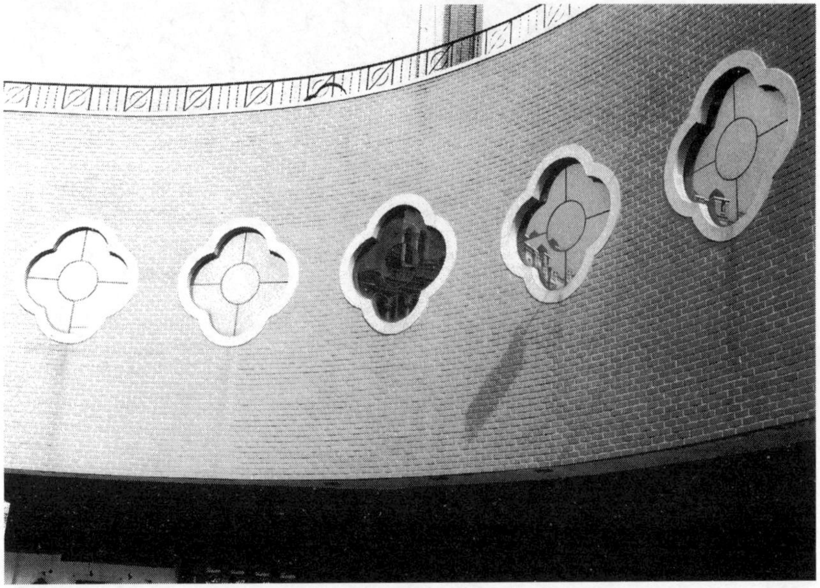

(c)

（2）天津，古文化街上(a)、(b)、(c)

(a)

(b)

(c)

（3）天津，鼓楼商业区(*a*)~(*d*)

(*a*) 关闭状态

(*b*) 开启状态

(*c*)

(*d*)

（5）大马士革(Damascus)，叙利亚，阿扎特·派沙驿店(旅店)，建于公元12世纪，景窗一角

（4）天津，新中国文具店

（6）北京，新世纪饭店
“云海”餐厅

（7）罗格纳酒店，奥地利

（8）勃艮第(Dieu)旅店，法国

（9）伦敦(London)，英国，披头士商店橱窗

（10）德清县，浙江省，莫干山，皇后饭店

（1）上海，金茂大厦(88 层)窗户布置

（2）果阿(Goa)，印度，旅店

（3）上海，新雅粤菜馆

（4）德国，曼海姆(Mainheim)，酒吧

（5）里米尼(Rimini)，意大利商店盲窗

（6）佛罗里达(Florida)，美国，布埃纳
维斯塔湖疗养院

（7）（温泉（浴场）城仿照罗马式温泉浴场），英国

（8）威斯特兰(Westerland)，德国，疗养中心门厅窗户

（1）天津，奥林匹克体操中心

（2）慕尼黑(München)，德国，奥林匹克中心—游泳馆

（2）天津，中国建设银行

（1）天津，和平路上，原浙江兴业银行

（3）慕尼黑(München)，德国，巴伐利亚州农业银行

（1）纽约(New York)，美国，大型中心火车站，始建于20世纪

（2）赫尔辛基(Helsinki)，芬兰，主火车站，建于20世纪，雄伟的窗格设计

（3）北京，前门旧火车站

（4）日本，东京（枥木县）河内郡上三川町汽车广场

（5）慕尼黑(München)，德国，奥林匹克中心旁，半地下窗户

(b)

法国，博纳(Beaune)老医院(a)、(b)、(c)

(a)

(c)

20 工业建筑窗的形式与风格

（1）伦敦(London),英国，威尔斯登(Willesden),货运(输送)站 (*a*)、(*b*)、(*c*)

(*a*)

(*b*)

(*c*)

（2）意大利，因佩里亚(Imperia),S.P.A 工业厂房(*a*)、(*b*)、(*c*)

(*a*)

(*b*) 天窗

(*c*) 天窗

（**3**） 西班牙，巴塞罗那(Barcelona)S.A研究所(*a*)~(*h*)

(*a*)

(*b*)

(*c*)

(*d*)

(*e*)

(*f*)

(*g*)

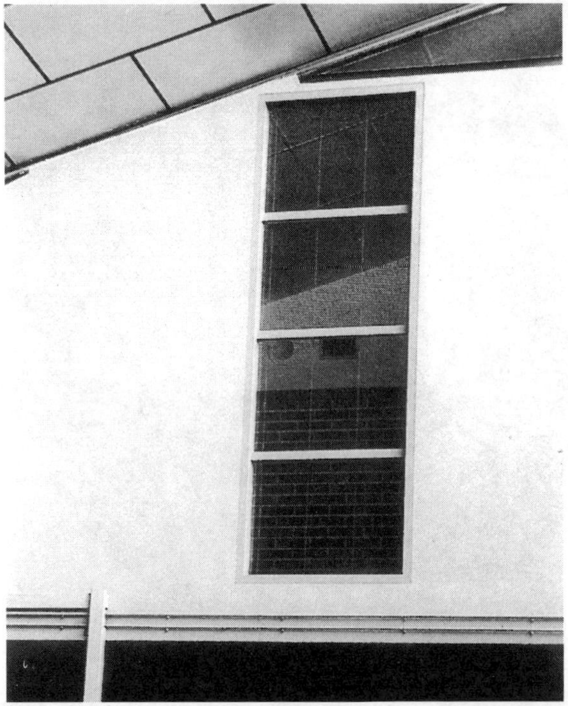

(h)

（**4**）汉堡(Hamburg) ，德国，
STO有限公司(*a*)~(*d*)

(*a*)

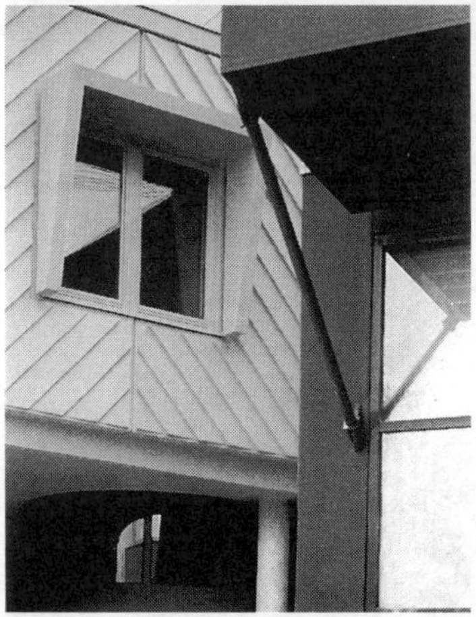

(*b*)

(*c*)

(*d*)

（6）巴黎(Paris)，法国

（5）不伦瑞克(Braunschweig),德国，
Miro 数据系统中心(Datensysteme)

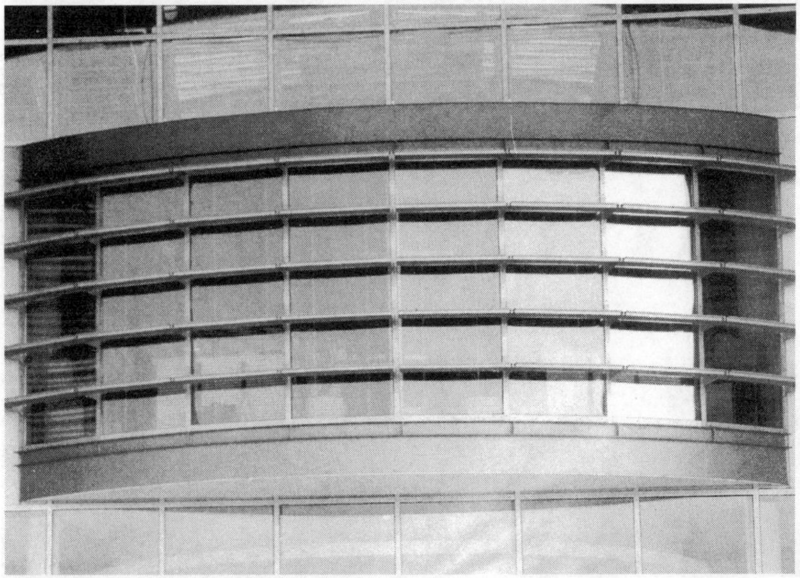

（7）诺里奇(Norwich)，英国，ECN 印刷中心有限公司

（8）成田(Narita)，日本，为成田机场制作 JR(食品供应厂)

（9）伦敦，英国，斯托克雷

(Stockley)B8 停车库(*a*)~(*d*)

(*a*)

(*b*) 景窗

(c) 遮阳窗

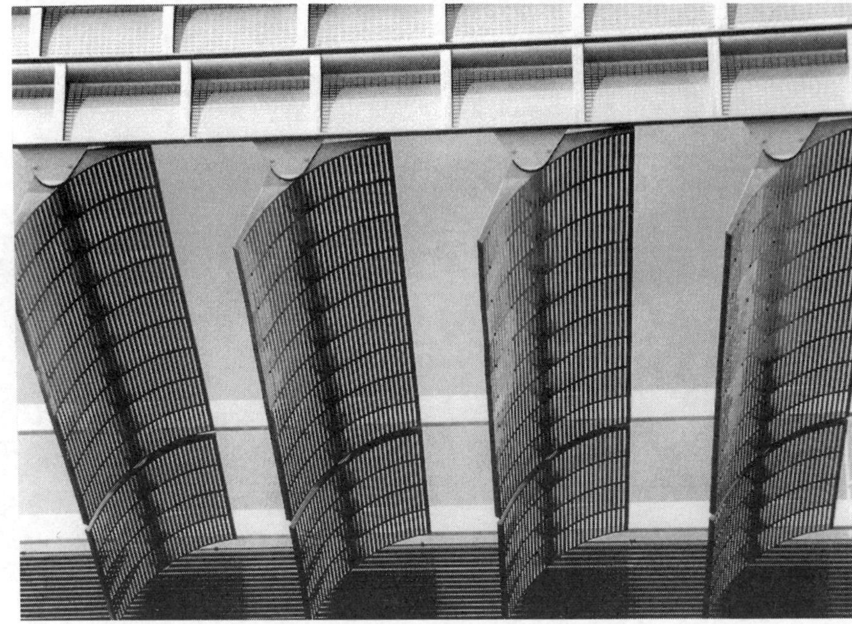

(d) 遮阳窗

(10) 英国，约克(York)，S.N 研究中心(*a*)、(*b*)

(*a*)

(b)

（11）塞贝尔村，奥地利，研究办公中心

金属格型窗，遮阳和采光

（12）古特尔费根，德国，
加尔特尼尔工程公司
(a)~(d)

(a)

(*b*)

(*c*)

(*d*)

（**13**）德国，莱茵河畔，魏尔市(Weil am Rhein)，维得拉(Vitra)制造厂(*a*)、(*b*)

(*a*)

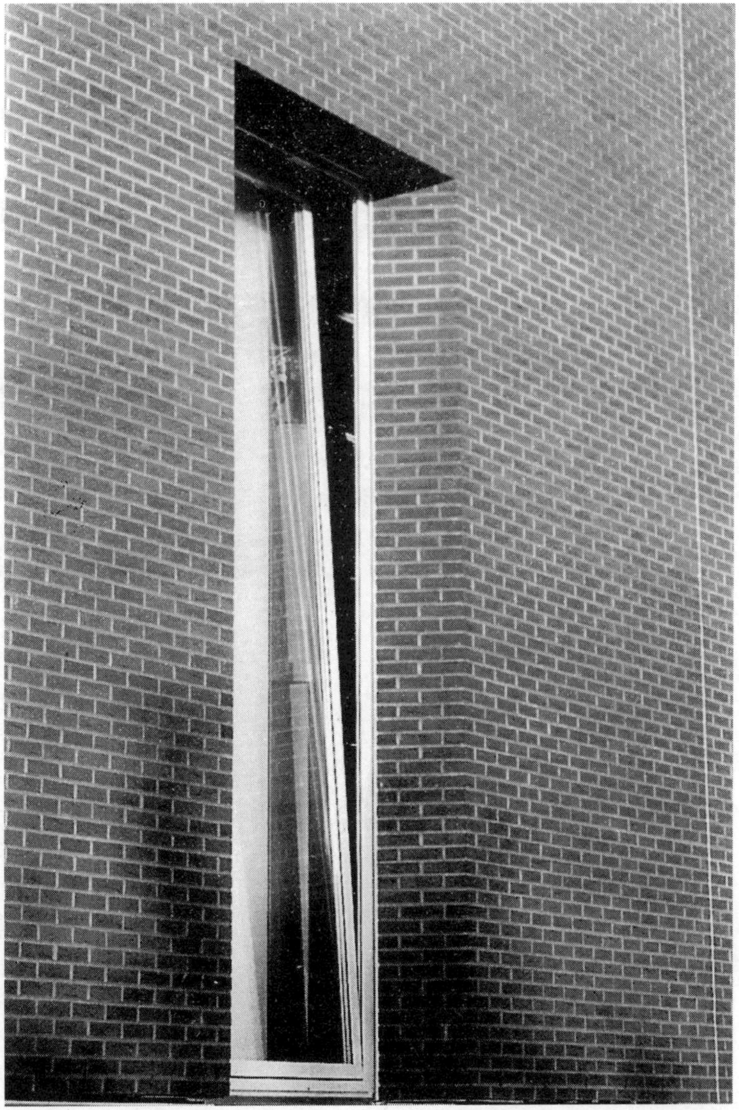

(*b*)

（14）卡斯特雷特(Castrette)，意大利，
贝内东(Benetton)工厂(*a*)、(*b*)

(*a*)

(*b*)

（**15**）图卢兹(Toulouse)，法国，大型客机装配车间(*a*)、(*b*)

(*a*)

(*b*)

（**16**）博多费尔(Bondoufle)，法国，国家印刷厂(*a*)、(*b*)

(*a*)

(*b*)

（**17**）拉尔(Lahr)，德国，阿斯印刷厂(*a*)、(*b*)、(*c*)

(*a*)

(*c*)

(*b*)